宁夏回族自治区自然科学基金项目（2021AAC03020）
国家自然科学基金地区项目（31660007，31360040）
资助单位：宁夏大学

六盘山国家级自然保护区地衣图鉴

牛东玲　编著

U0120845

河南科学技术出版社
·郑州·

图书在版编目（CIP）数据

六盘山国家级自然保护区地衣图鉴/牛东玲编著.—郑州：河南科学技术出版社，2023.10
ISBN 978-7-5725-1257-5

Ⅰ.①六… Ⅱ.①牛… Ⅲ.①自然保护区-地衣-宁夏-图集
Ⅳ.① Q949.34-64

中国国家版本馆 CIP 数据核字（2023）第 174052 号

出版发行：河南科学技术出版社
　　　　　地址：郑州市郑东新区祥盛街27号　　邮编：450016
　　　　　电话：（0371）65737028　65788613
　　　　　网址：www.hnstp.cn
策划编辑：陈淑芹
责任编辑：陈淑芹
责任校对：丁秀荣
封面设计：张　伟
责任印制：张艳芳
印　　刷：河南博雅彩印有限公司
经　　销：全国新华书店
开　　本：787 mm×1 092 mm　1/32　　印张：4.75　　字数：110千字
版　　次：2023年10月第1版　　2023年10月第1次印刷
定　　价：78.00元

如发现印、装质量问题，影响阅读，请与出版社联系并调换。

序

　　地衣是共生菌与共生藻或蓝细菌互惠共生形成的一类生物有机体，每一个地衣体就是一个微型生态系统。在低温、低氧、强辐射、干旱等极端环境的生态适应性中，地衣当属陆生生物之冠。地衣不仅是地球庞大生态系统中不可缺失的重要组成部分，在生物演化、环境生态中也扮演着重要角色，被誉为"地球上最顽强的生命""荒漠拓荒者""环境变化的晴雨表"。地衣不仅在民间食药用，也是金丝猴、驯鹿、麝鹿和藏岩羊等野生动物食物链中的重要一环。

　　宁夏六盘山国家级自然保护区位于我国黄土高原，地理位置独特，是中国西部重要的生物多样性保护区之一，由于缺乏历史研究资料，地衣物种组成本底数据尚未系统研究、特有物种及重要资源不清，地衣群落特征和垂直带谱一直没有得到清楚认识，使保护区内生物多样性组成被低估，地衣生物资源保护问题突出。

　　牛东玲博士自 2016 年开始对六盘山的地衣多样性开展持续性调查，通过经典分类与分子技术相结合的研究方法鉴定了 101 种 4 变种地衣，其中包括大量中国和宁夏新记录属种。通过直观的外形和解剖彩图以及简要物种形态描述，首次系统给出了保护区内的主要地衣物种组成，让我们得以看到当前六盘山保护区内的地衣生境与生态现状；每个种有标本引证，给学者深入研究提供了实物证据，实属难得，为深入研究本地区和周边地衣生物多样性以及《中国地衣志》的编研提供了重要参考依据。

　　《六盘山国家级自然保护区地衣图鉴》不仅是国家级自然保护区难得的基础研究成果，也不失为大众与专业人士兼用的好书。

2023 年 9 月 1 日于云南

前　言

地衣是什么？对大多数人而言，这个问题一直就是一个萦绕在脑际的疑问，不能找到合适的渠道得到解答。对普通大众而言，学习和了解地衣是一件相对有难度的事情。一方面因为这个生物类群的生长环境通常远离我们人类的居所，我们在平时的生活中很难遇到、接触到，另一方面国内仅有的一些有关地衣的图书资料，基本上都是从专业的角度来描述这个类群，并常常需要借助显微镜或者许多化学试剂来辅助识别地衣物种，且大部分参考书籍没有附地衣物种的图片或仅仅附有限的黑白图片。这种情况导致我们生活地区 90% 的人口对地衣处于完全未知的境地。

我们出版此书的一个初衷，就是希望能够为每一个人打开一个易于进入的友好的地衣世界。为了使这本书便于查询和使用，我们精心选取了 100 余种常见的主要分布在宁夏六盘山国家级自然保护区的地衣物种，采用全彩色的图谱向大众展示每个物种的典型识别特征，帮助大家更直观、更快速地对野外见到的地衣物种进行种或属的定位。同时，每一个物种都有其存放的凭证标本号，便于研究者进一步查阅。

六盘山是宁夏地区代表性的山地水源涵养林区，其森林系统一直备受国内外研究者关注。这几年保护区相继开展了动植物多样性等专项调查，基本摸清了境内野生动植物资源的现状。但是，对于六盘山林区的地衣资源一直没有给予任何关注。作者从 2016 年开始利用野外实习的机会，对六盘山林区的地衣进行了数次实地考察。2021~2022 年作者在宁夏回族自治区自然科学基金项目及国家自然科学基金地区项目的支持下，对六盘山国家级自然保护区重点林区的地衣资源开展了更全面的调查研究，先后采集地衣标本 1 000 余号，获得的第一手调查资料是编撰本书的主要参考依据。

本书共收录了六盘山国家级自然保护区内地衣型真菌 23 科 51 属 101 种 4 变种，其中包含了中国新记录属 1 个，中国新记录种 14 个，宁夏新记录属 40 个，宁夏新记录种 90 个。另外，尚有一些物种未被分类鉴定。随着我们研究工作的进一步深入开展，一些遗漏的物种还将在后续研究中陆续补充进来。由于地衣型真菌的特殊性，在物种鉴定过程中，联合了分子、形态及化学分析等方面的方法与手段，以确保物种鉴定的准确性。对于每个物种名的考证，主要依据最新研究结果，并参考《中国地衣型真菌综览》及网站"Index Fungorum"（http://

www.indexfungorum.org/Names/Names.asp）。本书详细记述了每个物种的形态特征、在保护区内的生境分布及在中国的分布地区，并附彩色图版。

在宁夏，地衣是一个完全被遗忘的生物类群，无论是在宁夏北部广大的荒漠草原地带，还是在南部广袤的森林生态系统中，地衣作为这些地区生态景观中重要的一员，往往被视而不见。因此这些地区的一些人类活动，势必会对这类资源的生存环境造成一定的扰动，不可避免地对地衣这个类群造成了一定的威胁。希望本书能够引领读者进入地衣的神秘世界，让读者获得有关地衣的基本知识，引起读者关注到这类特殊的生物资源。本书的出版，也将有助于六盘山国家级自然保护区内地衣资源的进一步清查，促进保护工作的有效开展。

本书适合从业人员和普通民众作为野外识别地衣的参考资料，也将为立志从事地衣学研究的广大青年学生提供一种便捷有效地了解地衣、学习地衣的工具。

我们希望每一位对地衣感兴趣的读者都能以本书作为一个起点，开始他的新奇、多彩并富有冒险的地衣之旅。我们在书后还提供了与地衣相关的一些图书资料的信息，以便帮助想要进一步深入学习的读者。

最后，真诚地感谢这么多年来积极参与项目野外考察的每一位同学，每一份标本的获得都离不开同学们的付出与努力。

本书历时数年，作者查阅了大量的文献资料，力求减少错误。但由于研究水平有限，错误之处在所难免，竭诚欢迎读者批评指正。

牛东玲

2022 年 10 月

目　录

认识地衣

什么是地衣?

　　地衣的英文名字叫"lichen"，这个单词来自希腊词"leichen"，意思是"树苔藓"。人们也习惯于把它和苔藓混为一类，统称为苔类。其实地衣并不仅仅生长在树上（图1a），它还可以生活在土壤（图1b）和岩石表面（图1c）。事实上，地衣可以生活在各种各样的基物表面，比如皮革、动物的遗骸等。地衣最为显著的特点在于它不是一个单一的生物体，而是由分类学上没有任何关系的真菌（又称共生菌）和绿藻（又称共生藻）或蓝细菌（蓝藻）共同结合而成的一种独特的菌藻共生体。地衣体内的共生菌和共生藻，就如同互不相识的两个人，在某一天偶然相遇，彼此一见钟情，进而结伴生活、协同进化，形成具有稳定遗传和形态特征的共生体。由于共生菌和共生藻的相遇结合存在很大的随机性，因此，地衣的生物多样性明显不同于其他的生物类群。一个地衣体其实就相当于一个复杂的微型生态系统。在大自然中，地衣经过了长期的进化选择，共生菌在地衣体形态的构建及后代的繁殖中起着主导性的作用，地衣的科学名称因此就以共生真菌来命名，故地衣又称为地衣型真菌。在已知的真菌中，约有17%的种类会参与地衣化过程，这些地衣化真菌主要有子囊菌、担子菌和半知菌，由它们形成的地衣分别称为子囊菌地衣、担子菌地衣和不完全地衣型真菌。地衣中所共生的真菌约98%为子囊菌（ascomycetes），1.6%为半知菌（deuteromycetes），0.4%为担子菌（basidiomycetes）。

a. 树生地衣；b. 土生地衣；c. 岩生地衣

图1　常见的三种基物上的地衣群落

地衣是原始的低等生物，也是地球上最古老的生物之一。因对环境的适应能力强，在地球的不同温度带都有分布，从热带一直到寒带都能发现各种各样的地衣群落，在寒冷干燥的南极也能发现地衣的踪影。但是在污染严重的城市和工矿区，几乎难以寻觅到地衣的身影。地衣通常喜欢生长在比较稳定的基物上，比如土壤、岩石或树皮。由于地衣菌藻共生的特性，在地衣体内合成了一类特殊的次生代谢产物地衣缩酚酸类，通过这些地衣化合物对岩石表面的生物风化作用，在岩石上创造出生命的环境，因此，地衣又被称为"先锋植物"和"荒漠的拓荒者"。地衣在自然界中生长非常缓慢，有些种一年的生长速率远远低于1毫米，因此地衣一旦受到破坏，就很难再恢复。目前全球已知地衣物种19 387种，隶属于115科，955属。我国地衣型真菌约有418属，3 050种。

地衣的生长型

地衣体外形差异，常呈现出不同的生长型。在野外人们通常会遇到三种类型的地衣体，分别是壳状地衣（crustose）、叶状地衣（foliose）和枝状地衣（fruticose）。壳状地衣的地衣体常呈薄片状，水平平铺在基物上，它的地衣体下表面与生长的基物紧紧地固着在一起，很难用工具将它们分离（图2a）。叶状地衣的地衣体呈薄薄的叶状，通常也是水平铺展在基物表面，但是一般只有地衣体下表面的局部和基物生长在一起，其他部分则

a. 壳状地衣；b. 叶状地衣；c. 枝状地衣；d. 鳞叶型地衣

图2 地衣的生长型

是游离在基物之上，相对比较容易把它们从基物上分离（图 2b）。枝状地衣的地衣体呈现灌丛状、带状或丝状，主要以地衣体的基部固着在基物上，直立或悬垂生长，容易从基物上采集此类地衣体（图 2c）。当然，在这三种类型之间，还有其他的过渡类型，比如鳞叶型，是介于壳状与叶状之间的一种类型（图 2d）。对于生长型感兴趣的读者，可以根据后面提供的参考书籍，进行更深一步的学习。

前面提到，地衣是由共生菌和共生藻组成的一个有机的微型生态系统，可是从外表很难看出这种特性，然而当你将地衣体用刀片切开，取一个薄片，放在光学显微镜下去观察，就会发现地衣体内部微观世界中两个小伙伴的奥秘。绿色或者蓝绿色的细胞是共生藻，透明的或带其他色彩的细长的细胞为共生菌（图 3）。共生菌和共生藻在地衣体内部的排列方式一般有两种情况：一种是共生菌先在外面形成明显的两层，称为上、下皮层，藻细胞在上皮层下方形成明显的一层称为藻胞层，在藻胞层下方又由共生菌形成疏松的一层称为髓层，髓层的下方即为下皮层，下皮层上常有共生菌形成的附着结构如假根等。将这种内部有明显分层的地衣称为异层地衣。另一种是在上、下皮层之间，藻细胞没有形成明显的一层，而是分散在髓层中，具有这种结构的地衣称为同层地衣。大多数地衣属于异层地衣。异层地衣中的共生藻多为绿藻，同层地衣中的共生藻常为蓝细菌中的念珠藻类。共生藻会进行光合作用制造碳水化合物给共生菌，因此也被称为光合共生物。共生菌的作用尚有争议，但它为共生藻提供的保护作用应该得到

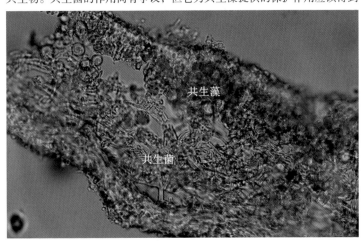

图 3 地衣体内部的显微结构

4

肯定。

在野外，我们如何来迅速判断一个地衣体的共生藻类型呢？一般可以通过观察地衣体的颜色做出初步的判断。如果地衣体呈现暗褐色或近乎黑色，那么共生藻通常是蓝细菌（图4a）；假如呈现其他的颜色如绿色、黄色、橙色、红色等，共生藻一般是绿藻（图4b）。大家可能又会有疑问了，共生藻是绿藻不应该就是绿色的，怎么还有红色、橙色、黄色的呢？这是由地衣的皮层中含有不同的色素成分所致，这些色素成分往往为地衣所特有，主要是由共生菌次生代谢产生。地衣体的颜色在地衣属、种分类鉴定上有十分重要的参考价值。

a. 蓝细菌共生的地衣；b. 绿藻共生的地衣

图4 不同共生藻的地衣体

地衣的附属结构

在地衣体上常常可以观察到一些附属结构，这些附属结构往往为地衣所特有，它们在地衣分类鉴定或地衣繁殖方面扮演着非常重要的角色。

缘毛（cilia）

着生于地衣体边缘或子囊盘托缘上的菌丝束。

绒毛（tomentum）

在有些物种的地衣体上，有时会观察到一些细毛状结构，通常分布在地衣体的上表面，以边缘分布较多，其主要是由单一的菌丝形成。在地衣分类鉴定及保护地衣体方面具有意义。

假杯点（pseudocyphella）

常发生于地衣体上表面，是由髓层突破皮层而形成的小凹陷，髓层外露或突出。

假根（rhizine）

在地衣体的下表面，会形成像短根一样的结构，称为假根。它具有根的形状，但却不是真正意义上的根。假根主要是由真菌的菌丝组成，形成单一的、束状、试管刷状等外观形态，这些不同的假根形态在地衣分类鉴定方面具有重要的参考价值。假根的主要功能是负责把地衣体固着在基质上。

裂芽（isidium）

地衣的营养繁殖结构，分布在地衣体的上表面或侧面等部位，外观呈现球状、指状、鳞片状、珊瑚状，其内部结构和地衣体完全相同。裂芽会在外力作用下，脱离地衣体，如果遇到合适的生长环境，则会长成一个新的地衣体。

粉芽（soredium）

地衣的营养繁殖结构，分布在地衣体的上、下表面，裂片侧面或顶端等部位，由真菌菌丝和藻细胞缠绕形成，通常以半球状或不规则状粉芽堆的形式存在。在外力作用下进行传播，如果遇到合适的生长环境，则会发育成为一个新的地衣体。

衣瘿（cephalodia）

常见于一些共生藻为绿藻的地衣体上，有一定的形态，结构完整，衣瘿内的共生藻通常为蓝细菌。

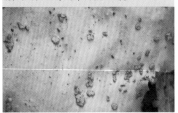

裂片（lobules）

发生于地衣体上表面的一种薄片结构，有明显的背腹之分。在外力作用下，脱离母体，遇到合适的生长环境，会长成一个新的地衣体。

粉霜（pruinose）

通常覆盖在地衣体上表面，为白色或浅灰色的粉末，主要由草酸钙积聚而成。

地衣的繁殖

地衣有多种繁殖方式，可以归结为三大主要类型：营养体繁殖、无性繁殖和有性繁殖。有些种类仅以其中的一种方式繁殖，有些种类则有多种繁殖方式。

营养体繁殖是由共生菌和共生藻的细胞共同组成繁殖体，外观呈现粉末状、指状或珊瑚状、薄片状等。粉末状的繁殖结构称为粉芽或粉芽堆（许多粉芽聚集在一起）；指状或珊瑚状的繁殖结构称为裂芽；薄片状的繁殖结构通常被称为裂片。这些繁殖结构一般分布在地衣体的表面或侧面，很容易从地衣体上脱离，借助风、水或动物进行传播，当落到适合的生长环境时，由于其内部已经有共生菌和共生藻，就能够成长为一个新的地衣体。

无性繁殖主要是通过地衣体上产生的无性繁殖结构分生孢子器进行，由分生孢子器产生分生孢子。分生孢子器在地衣体上表面会形成一些小点状的开口，不留意观察的话，一般很难发现。但是如果制作一个切片，就可以观察到地衣体内部呈圆球形或梨形的分生孢子器（图5a）。

有性繁殖主要由共生菌来完成。在野外，地衣体上比较常见的有性繁殖结构，外观上看起来像一个个的盘子（子囊盘）（图5b），也有一些有性繁殖结构是埋生在地衣体的内部，外观上只能观察到地衣体上表面有些小点或细缝，这种有性繁殖结构一般称为子囊壳（图5c、d）。当有性繁殖结构成熟后，就会释放出孢子。释放到自然界中的孢子（无性或有性孢子）遇到合适的基质，就会萌生出菌丝。如果孢子幸运地遇到了能共生在一起的藻，就可以顺利地共生形成一个新的地衣体。如若不能，共生菌的孢子则无法在自然界中独自生存。对于共生菌和共生藻在自然界如何相遇并顺利共生在一起，目前依然是科学界为之努力探索的一个领域。

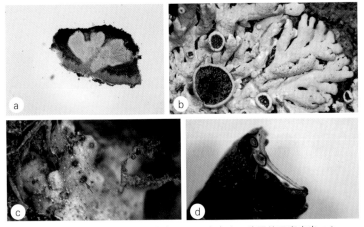

a. 分生孢子器（纵剖）；b. 子囊盘；c. 子囊壳（示外露的子囊壳出口）；

d. 子囊壳（纵剖）

图 5　地衣无性和有性繁殖结构

地衣的重要性

　　虽然地衣这种生物和人类的生活较少有直接的联系，但是地衣的大批登陆，为陆生绿色植物的演化提供了非常重要的前提条件——土壤。分子证据已显示，地衣早在苔藓出现之前，就已经征服了干旱贫瘠的不毛荒野。和苔藓植物相比，地衣对水分和土壤的依赖度极低，它们能够生长在光秃秃的岩石表面。它们的菌丝体进入岩石表面的细小缝隙，撬剥岩石，并进一步分泌酸性物质腐蚀岩石，崩解的细碎石屑被雨水冲刷携带，进入水体，沉积在河流中下游和湖泊中，日积月累构成了早期的土壤，为苔藓植物的生长提供了基质。地衣完全可以被称为生命登陆的"开路先锋"。地衣在维持生态平衡中起着重要作用，它们维持营养循环，特别是一些蓝藻型地衣在氮素循环中有着重要的贡献。地衣也为无脊椎动物和脊椎动物提供食源和庇护所，从而维持了生态系统的多样性。作为地球环境早期的居住者，地衣也曾遍布各处，自然也就成了早期先民们利用的对象。在几百年前，先民们就把地衣作为食物、染料及医药用品。到了近代，随着对地衣化学成分的不断深入研究，地衣在医药领域发挥着重要作用，比如从地衣体内获得的松萝酸，在医药领域应用历史悠久且广泛。由于地衣对环境污染的敏感性，尤其对大气中的二氧化硫等有害气体反应十分敏感，地衣已经成为监测大气污染的有效手段。在广大的荒漠地区，地衣结皮对于维护荒漠生态系统的稳定性也发挥着非常重要的作用。

地衣的采集和保存

对地衣的采集面临着两难的境地，一方面由于地衣生存环境不断受到人类扰动，地衣物种在不断地消失，急需加强对它们的研究；另一方面地衣生长缓慢，一旦采集就意味着永久破坏。但是不采集和研究，对一个地区的地衣知之甚少，就没有办法让公众认知和了解它们，也无法提供要求保护它们所需的充足的证明材料。因此，基于目前的状况，对于地衣的采集必须是基于科学研究的目的，不加选择的采集必须坚决制止。

地衣采集的技术并不复杂，通常是利用工具如枝剪（树枝）、削刀（树皮、土壤）、锤子和凿子（岩石）连同地衣生长的基物，比如岩石、土壤、树枝、树皮等和地衣物种一起采集（图6）。

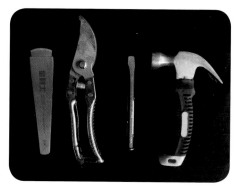

图6　采集地衣常用的工具

在自然界中，有些地衣是以独立的个体存在，在采集时最好只取一部分地衣体；有些地衣是以小种群的形式存在，采集时也应只取地衣种群中的一部分个体。采下来的样品一般是装进信封或者类似的纸袋内，带回室内后，放在阴凉通风的地方，让地衣体内的水分慢慢散失，并让栖居在其间的小昆虫尽可能地跑走。早期的采集者对于采集后地衣标本的处理方式和高等植物标本的压制方式完全相同，就是利用易于吸水的草纸，把地衣体压在中间，外面再施加以重物，目的就是将地衣体处理成一个平面的标本。现代的一些地衣学家为便于后期标本的鉴定，对采集后的标本不再做任何压制处理，而是尽可能保持其原生的状态。待到地衣体全部干燥后，将地衣体装进规格为15厘米×10厘米特制的标本纸袋内，当然标本袋的规格是可以根据地衣体的大小做些调整的。标本袋上必须有标签，标签上面记载着学名、采集地信息（包括采集地点、生长基物、经纬度、海拔）、采集日期、采集者、鉴定者、凭证标本号及馆藏号等。现在，已有多款软件可同步用于地衣的野外调查记录，比如 BIOTRACKS（生命观察）。回到实验室后，可进一步结合软件的同步记录，进行照片及标本信息的整理存档。地衣标本的保存方式和高等植物的保存方式类似，通常是保存在专门的标本柜中。由于地衣目前还没有一个很好的分类系统，所以对于地衣标本的存放一般是按照字母顺序，按属归入相应的抽屉内，然后再储存在标本柜中。后期的维护工作和高等植物腊叶标本的维护基本相同。

地衣的鉴定

从世界范围来看，亚洲对于地衣的研究相对比较滞后。在亚洲国家中，中国对于地衣的研究尚在基础研究的阶段，处于努力跟进的状态。有关地衣方面的志书，中国迄今还没有完成出版。因而要鉴定本地区的地衣标本，从资料的获取、时间和人员等方面都困难重重。基于此，本书中物种的鉴定综合了从分子、形态、化学及地理分布几个方面获取的数据，着手开展鉴定工作，并通过与其他国家地衣志、各类文献资料及不同标本馆馆藏标本的比对，最终确定物种的归属。关于如何从分子、形态、化学等几个方面开展鉴定工作，有兴趣的读者可以参考本书附录中所列参考书籍做深入学习。

六盘山国家级自然
保护区基本概况

六盘山位于我国黄土高原西部，秦岭西段以北，北起宁夏海原县西华山，南延至甘肃、陕西境内，逶迤约240千米，在宁夏境内约110千米，为南北走向的狭长石质山地。海拔一般在2 000~2 500米，主峰米缸山海拔2 942米。黄河水系的泾河、清水河和葫芦河均发源于此。六盘山山路曲折，路况艰险，以前登山要盘环山路6次才能到达山顶，因而得名"六盘山"。

六盘山自1988年成为国家级自然保护区以来，生态环境不断得到改善，森林覆盖率已达到80%，成为我国西部黄土高原上具有代表性的温带山地森林生态系统和重要的水源涵养地。保护区位于山的主脉南段，是宁夏境内最大的天然次生林区，动植物资源丰富，拥有陆生脊椎动物213种，高等植物1 224种，已逐步发展成为宁夏、西北乃至全国野生动植物保护的关键区域。

六盘山国家级自然保护区针叶林、阔叶林景观

六盘山国家级自然保护区处于暖温带大陆性季风气候带，地带性植被类型为草甸草原和落叶阔叶林，植物区系以温带成分占绝对优势，含有少量第三纪子遗物种和大量现代植物类群。保护区植被主要为天然次生林，植被景观异质性明显。在阴坡主要为落叶阔叶乔木林，树种有桦树、蒙古栎、少脉椴等，散在少量华山松、山杨等；阳坡及半阳坡多为次生灌丛，杂生有沙棘、毛榛、陇东山楂、峨眉蔷薇、秦岭小檗等。保护区内分布有连片的人工种植林，主要为华北落叶松纯林、油松纯林和青海云杉纯林。不同的植被类型和多样的树种为地衣的生长创造了多样的立地条件。

华北落叶松林

落叶阔叶林

华北落叶松林树干地衣景观

灌丛林地衣景观

六盘山国家级自然保护区内不同植被类型中，地衣以叶状地衣为主，占比在75%以上，壳状地衣和枝状地衣占比较小。在叶状地衣中，蜈蚣衣科地衣占有明显优势。不同林型中地衣的物种组成及优势物种存在一定的差异。在林缘、林下及中低山草原地带的土层和岩石上，也分布有丰富的地衣资源。本书主要以六盘山国家级自然保护区内地衣附生基物的类型，按照树生地衣、岩生地衣和土生地衣三部分分类介绍。

华北落叶松树干地衣群落（*Physcia* sp.）

林缘藓土层地衣群落（*Peltigera* sp.）

低山岩石表面地衣群落

（*Xanthoria* sp.）

树生地衣

这部分主要展示了生长在六盘山国家级自然保护区森林生态系统中不同树种上的地衣，常被称为树生地衣（corticolous lichen）。它们包括了生长在树木及其残体上的各种地衣，是森林生态系统的重要组成部分，在森林生态系统物种多样性的维持、水分和营养的循环及环境监测等方面起着重要作用。

青杨树干上的树生地衣群落
[*Xanthoria alfridii*（左）；*Phaeophyscia hirtuosa*（右）]

蜈蚣衣科
Physciaceae

雪花衣属
Anaptychia

毛边雪花衣
***Anaptychia ciliaris* (L.) Körb**

凭证标本号：21082659

形态特征：地衣体亚枝状，疏松附生于基物①；裂片线形，两侧边缘下卷呈沟槽状，二叉至不规则分枝，宽 1.0 毫米，裂片顶端逐渐变宽；地衣体上表面烟灰色、灰褐色至黑色，上表面具有浓密灰白色细绒毛，无粉芽及裂芽；下表面白色或浅绿色，蛛网膜状，无下皮层及假根②；裂片边缘生假根状的长缘毛，单一，密布细绒毛，长3~5毫米，淡褐色至黑色；子囊盘多，圆盘状，茶渍型，盘面有粉霜③；地衣体K–（表示地衣体遇到氢氧化钾溶液时为阴性反应）。

生境与分布：采集于六盘山国家级自然保护区大雪山，附生于白桦树干，海拔 2 470~2 670 米。分布于宁夏、新疆、甘肃、陕西、河北、浙江。

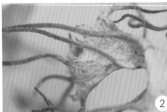

下表面及缘毛

子囊盘

蜈蚣衣科
Physciaceae

| 哑铃孢属
Heterodermia

哑铃孢
Heterodermia speciosa (Wulfen) Trevis.

凭证标本号：20-0031

形态特征：地衣体叶状，裂片狭长，顶端部分渐加宽，宽0.5~1.5毫米，二叉分裂①；裂片顶端的下表面分布新月形的粉芽堆，粉芽粉末状，白色或赭色，裂片缘毛细长显著②；地衣体下表面白色或深色，假根分枝丰富；子囊盘偶见，茶渍型，盘面棕褐色，直径1~3毫米，盘缘明显，有波褶③。

生境与分布：采集于六盘山国家级自然保护区大南沟、米缸山、小南川，海拔1 933~2 179米，附生于油松、华北落叶松、榛属树干或岩石藓层。分布于宁夏、陕西、云南、四川、河北、山东、江西、湖北、湖南、安徽、福建、浙江、广西、黑龙江、香港。

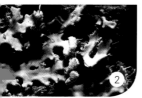

粉芽及缘毛

子囊盘

蜈蚣衣科
Physciaceae

黑蜈蚣叶属
Phaeophyscia

睫毛黑蜈蚣叶
***Phaeophyscia ciliata* (Hoffm.) Moberg**

凭证标本号：17-0051

形态特征：地衣体叶状，青灰色，具有上、下皮层，裂片短宽，不规则分枝，末级裂片宽 0.5~1.2 毫米①；皮层为假薄壁组织，下表面黑色，假根稠密，单一不分枝，黑色但顶端白色；子囊盘面生，直径 0.5~1.5 毫米，茶渍型，盘面黑色，具有明显的盘缘，子囊盘基部常有短的黑色假根②。

生境与分布：采集于六盘山国家级自然保护区大南沟、米缸山、王化南林场、植物园、二龙河，附生于蒙古栎、旱榆、华北落叶松、杜梨、白桦、陇东海棠树干，海拔 1 720~2 141 米。分布于宁夏、内蒙古、新疆、陕西、云南、四川、河北、湖北、安徽、浙江。

子囊盘基部黑色假根

蜈蚣衣科
Physciaceae

黑蜈蚣叶属
Phaeophyscia

皮毛黑蜈蚣叶
Phaeophyscia hirtella Essl.

凭证标本号：21050206

形态特征：地衣体叶状，紧密附着于基物①；裂片二叉或不规则分裂，末端钝圆，上表面平坦或稍凹，表面具有硬毛②；无粉芽、裂芽或小裂片；下表面白色，假根单一，不分枝③；子囊盘常见，果托具有白色或黑色皮毛层。

生境与分布：采集于六盘山国家级自然保护区红峡林场、大南沟，附生于桃、青杨、香荚蒾、白桦树干，海拔2 009~2 330 米。分布于宁夏。

上表面硬毛

白色下表面

蝟蜦衣科
Physciaceae

黑蝟蜦叶属
Phaeophyscia

白刺毛黑蝟蜦叶
Phaeophyscia hirtuosa (Kremp.) Essl.

凭证标本号：21050203

形态特征：地衣体叶状，小型至中型，紧密贴附于基物，裂片二叉或不规则分裂，末端钝圆，上表面平坦或稍凹，青灰色①；无粉芽、裂芽或小裂片；下表面黑色②，假根稠密，常伸出裂片边缘，假根单一成束，黑色，先端常白色③；子囊盘常见，果托具有丰富的白色皮毛④。

生境与分布：采集于六盘山国家级自然保护区香水镇附近，附生于山杨树干，海拔 2 009 米。分布于宁夏、内蒙古、陕西、新疆、山西、黑龙江、四川、贵州、河北、山东、江西、上海、安徽、浙江、湖北、广东。

黑色下表面　　　　　　假根　　　　　　子囊盘

蝨蚣衣科
Physciaceae

黑蝨蚣叶属
Phaeophyscia

毛边黑蝨蚣叶
***Phaeophyscia hispidula* (Ach.) Essl.**

凭证标本号：17–0087

形态特征：地衣体叶状，上表面灰棕色，裂片相对宽短，宽1~2毫米，顶端上表面常具凹陷①；上表面及裂片边缘常具有丰富的裂芽状粉芽堆，不规则形堆积②；假根黑色，丰富，单一不分枝，从上俯看犹如裂片两侧的胡须③；未见子囊盘。

生境与分布：采集于六盘山国家级自然保护区小南川、野荷谷、大雪山、米缸山、东山坡，附生于蒙古栎、白桦、茶条槭树干或岩石藓层，海拔 2 265~2 619 米。分布于宁夏、陕西、新疆、云南、四川、河北、湖北、湖南、山东、上海、黑龙江、香港、台湾。

裂芽状粉芽

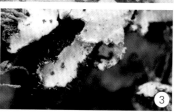

黑色假根

23

蜈蚣衣科
Physciaceae

黑蜈蚣叶属
Phaeophyscia

火红黑蜈蚣叶
Phaeophyscia pyrrhophora (Poelt) D. D. Awasthi & M. Joshi

凭证标本号：21082612

形态特征：地衣体叶状，灰绿色，裂片二叉或不规则分枝，裂片宽 0.1~0.3 毫米①；地衣体表面无粉霜，髓层橘黄色；下表面黑色，假根黑色，单一个分枝；子囊盘茶渍型，盘托与衣体同色，盘缘可见橙色②，盘面黑褐色，有粉霜，直径 0.2~1 毫米。

生境与分布：采集于六盘山国家级自然保护区大雪山，附生于油松树干，海拔 2 575 米。分布于宁夏、云南。

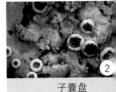

子囊盘

蝛蜙衣科
Physciaceae

黑蝛蜙叶属
Phaeophyscia

美丽黑蝛蜙叶
***Phaeophyscia rubropulchra* (Degel.) Moberg**

凭证标本号：17–0052b

形态特征：地衣体叶状，灰绿色，裂片二叉或不规则分枝①；裂片宽0.5~1毫米，边缘有粉芽②；地衣体表面无粉霜，髓层橘黄色③；下表面黑色，假根黑色，单一不分枝。

生境与分布：采集于六盘山国家级自然保护区野荷谷、大雪山、秋千架，附生于白桦、蒙古栎树干，海拔 1 720~2 619 米。分布于宁夏、新疆、云南、浙江、黑龙江。

粉芽

橘黄色髓层

蜈蚣衣科
Physciaceae

蜈蚣衣属
Physcia

翘叶蜈蚣衣
Physcia adscendens H. Olivier

凭证标本号：21050324

形态特征：地衣体叶状，上表面灰白色至灰绿色，下表面白色，裂片带状，或长或短，向上斜升簇生，宽度小于1毫米①；裂片顶端上、下皮层常常分离彤成膨胀中空头盔状结构，内侧有淡绿色颗粒状粉芽堆②；裂片边缘有同色不分枝的长缘毛；未见子囊盘。

生境与分布：采集于六盘山国家级自然保护区西峡林场大南沟、野荷谷、王化南林场、大雪山，附生于华北落叶松、油松、小叶柳树干，海拔 2 178~2 626 米。分布于宁夏、新疆、陕西。

中空头盔状结构，内侧
粉芽堆

蜈蚣衣科
Physciaceae

蜈蚣衣属
Physcia

斑面蜈蚣衣
***Physcia aipolia* (Ehrh. Ex Humb.) Fürnr**

凭证标本号：21050403

形态特征：地衣体玫瑰花状，直径4~10厘米，贴生，铅蓝灰色，具有粉霜①；上表面具有明显的白色斑点②，下表面浅灰色至黑色，裂片宽1~2毫米，先端常凹陷，裂片顶端上扬；无粉芽，子囊盘丰富，集中于地衣体中部，盘面黑色或黑棕色，具粉霜，直径1~2毫米；皮层及髓层K+。

生境与分布：采集于六盘山国家级自然保护区米缸山、二龙河、野荷谷、大雪山、东山坡，附生于华北落叶松、蒙古栎、刺五加、蔷薇科、小檗科植物树干，海拔1 869~2 603 米。分布于宁夏、内蒙古、陕西、新疆、北京、云南、江苏。

地衣体表面白斑

蜈蚣衣科
Physciaceae

蜈蚣衣属
Physcia

蜈蚣衣
***Physcia stellaris* (L.) Nyl.**

凭证标本号：21050319

形态特征：地衣体近莲座状圆形，直径 2~4 厘米，贴着于基物；地衣体周边放射状深裂，不翘起，裂片边缘常缺刻，无缘毛，裂片表面有白色斑点，边缘裂片常凸起①；上表面微白色或灰色，下表面白色，假根单一；子囊盘密集于地衣体中部，直径 1~2 毫米，盘面黑褐色，被白霜②；无粉芽和裂芽；皮层 K+，髓层 K–、P–。

生境与分布：采集于六盘山国家级自然保护区野荷谷、小南川、米缸山、大雪山、东山坡，附生于华北落叶松、油松、陇东海棠、小叶柳树干，海拔 1 827~2 759 米。分布于宁夏、内蒙古、陕西、新疆、上海、山东、云南、江苏、安徽、浙江、福建。

子囊盘及裂片

蜈蚣衣科
Physciaceae

蜈蚣衣属
Physcia

长毛蜈蚣衣
***Physcia tenella* (Scop.) DC.**

凭证标本号：21082656

形态特征：地衣体叶状，灰绿色，裂片窄长，斜升①；裂片边缘分布有细长、单一、黑色的缘毛，顶端上扬，顶端下表面有粉绿色粉芽堆，近唇形②；下表面假根形态与缘毛相似；未见子囊盘。

生境与分布：采集于六盘山国家级自然保护区大雪山，附生于华北落叶松树干，海拔 2 618 米。分布于宁夏、陕西、新疆、四川。

裂片顶端粉芽堆及边缘黑色缘毛

蜈蚣衣科
Physciaceae

蜈蚣衣属
Physcia

糙蜈蚣衣
Physcia tribacia (Ach.) Nyl.

凭证标本号：21050425

形态特征：地衣体叶状，小型，莲座状，上表面被粉霜，无缘毛①；裂片短阔，裂片上部上翘，不规则分裂，边缘锯齿状，顶端扇形，边缘及下表面生颗粒状粉芽，粉芽不形成唇形粉芽堆②；无裂芽及小裂片；下表面色浅，假根少，同色；未见子囊盘。

生境与分布：采集于六盘山国家级自然保护区米缸山、野荷谷、大雪山，附生于华北落叶松、油松、沙棘树干，海拔 2 263~2 575 米。分布于宁夏、新疆、陕西、北京、江苏。

顶端裂片及粉芽

蜈蚣衣科
Physciaceae

小蜈蚣衣属
Physciella

弹坑小蜈蚣衣
***Physciella melanchra* (Hue) Essl.**

凭证标本号：22052714

形态特征：地衣体叶状，小型，直径约1厘米，与基物紧密贴附，常多个个体连成一片①；裂片短狭，宽约0.25毫米，彼此重叠排列，上表面铅灰色，无粉霜，顶端色稍深，灰褐色，圆钝，微上翘②；上表面生圆形至椭圆形粉芽堆，形如弹坑，粉芽颗粒状，淡绿色③；无裂芽及小裂片；下表面白色，假根单一；未见子囊盘。

生境与分布：采集于六盘山国家级自然保护区秋千架，附生于刺槐树干，海拔约2 044米。分布于宁夏、云南、台湾。

重叠的小裂片

弹坑状粉芽堆

蜈蚣衣科
Physciaceae

大孢衣属
Physconia

唇缘大孢衣
Physconia labrata Essl., McCune & Haughland

凭证标本号：21050329

形态特征：地衣体叶状，浅灰青色至棕色，湿时翠绿色，表面有光泽，裂片顶端有粉霜，裂片平展或微上扬，彼此重叠，宽 0.6~3 毫米①；裂片边缘常见棕色至灰绿色粉芽堆②；髓层白色，下表面黑色，假根多量，黑色，试管刷状③；皮层 K–，不含地衣物质。子囊盘不常见，圆盘状，茶渍型，直径 0.8~2.0 毫米，盘面有白色粉霜，边缘有分枝裂片。

生境与分布：采集于六盘山国家级自然保护区米缸山、野荷谷，附生于华北落叶松、蒙古栎树干，海拔 2 080~2 265 米。分布于宁夏。

边缘的粉芽堆

假根

蜈蚣衣科
Physciaceae

大孢衣属
Physconia

唇粉大孢衣
Physconia leucoleiptes (Tuck.) Essl.

凭证标本号：21050434

形态特征：地衣休叶状，直径达6厘米，近圆形或不规则形，灰棕色至深棕色①；裂片直径2~4毫米，不规则扇形，连续或交叠在一起，末级小裂片直径约1毫米，微上翘，常被粉霜②；沿地衣体边缘具有显著的粉芽，连续成线形粉芽堆③；未见子囊盘；皮层化学反应为负。

生境与分布：采集于六盘山国家级自然保护区米缸山，附生于华北落叶松树干，海拔约2 468米。分布于宁夏、新疆、陕西、河南、北京、吉林、黑龙江、辽宁、云南、河北、江西。

粉霜

粉芽堆

黄枝衣科
Teloschistaceae

橙衣属
Caloplaca

蜡黄橙衣
Caloplaca cerina (Hedw.) Th. Fr.

凭证标本号：21050321

形态特征：地衣体灰白色，贴生于树干上，光滑或成网格状①。子囊盘橘黄色，直径 1~2 毫米，具有明显的灰色盘缘，光滑或有粉霜②，子囊孢子二极孢型。

生境与分布：采集于六盘山国家级自然保护区野荷谷，附生于华北落叶松树干，海拔 2 254 米。分布于宁夏、内蒙古、新疆、西藏、四川、云南、江苏、上海、香港。

子囊盘

黄枝衣科
Teloschistaceae

浣衣属
Laundonia

黄绿橙果衣
Laundonia flavovirescens (Wulfen) S. Y. Kondr., Lökös & Hur

凭证标本号：21050450

形态特征：地衣体壳状，龟裂至颗粒状疣，硫黄色，无粉芽；
子囊盘丰富，茶渍型，圆盘状，橘色至橙褐色，直
径 0.4~1.2 毫米，子囊盘缘与盘面同色或浅黄色。

生境与分布：采集于六盘山国家级自然保护区米缸山，附生于高
山银露梅灌丛树干，海拔 2 863~2 877 米。分布于
宁夏、内蒙古、四川、吉林、江苏、浙江、上海、
香港、台湾。

黄枝衣科
Teloschistaceae

粉黄衣属
Xanthomendoza

漫粉黄衣
Xanthomendoza ulophyllodes Räsäner

凭证标本号：20–0065

形态特征：地衣体为叶状，莲座形，紧贴于基物表面；上表面黄色或黄绿色，光滑，具光泽①；裂片先端圆钝，波状，常不规则裂，裂片边缘上翘，并其丰富的粉芽堆，粉芽黄绿色②；地衣体下表面白色，假根白色，丰富；子囊盘散在或偶见，茶渍型，圆盘状，盘面黄色，盘缘明显，盘缘上有时也可见粉芽堆。

生境与分布：采集于六盘山国家级自然保护区小南川、野荷谷、大南沟、秋千架、大雪山，附生于蒙古栎、黄刺玫、落叶松、旱榆、油松、沙棘、陕甘花楸树干或岩石，海拔 1 694~2 576 米。分布于宁夏。

粉芽堆

黄枝衣科
Teloschistaceae

石黄衣属
Xanthoria

刺盘石黄衣
***Xanthoria alfredii* S. Kondratyuk & Poelt**

凭证标本号：17-0033

形态特征：地衣体为叶状，莲座形，紧贴于基物表面①；上表面亮黄色至橙色，光滑，具光泽，变湿后呈现黄绿色，裂片短宽，不规则，宽1~4毫米，先端圆钝或波状，无裂芽，偶见粉芽；地衣体下表面白色，假根白色，稀疏至密集；子囊盘常见，茶渍型，圆盘状，盘面黄色，盘缘明显，盘缘下方常生有假根状白色刺毛，游离或与地衣体愈合②。

生境与分布：采集于六盘山国家级自然保护区植物园、米缸山，附生于青杨、蒙古栎、蔷薇科植物树干，海拔1 933~2 425 米。分布于宁夏。

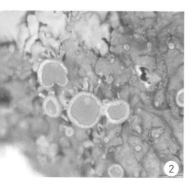

子囊盘

黄枝衣科
Teloschistaceae

石黄衣属
Xanthoria

裂芽石黄衣
***Xanthoria calcicola* Oxner.**

凭证标本号：21050345

形态特征：地衣体为叶状，橘黄色，褶皱明显，紧贴于基物，边缘裂片明显，宽1~7毫米，表面隆起①；地衣体上表面分布有丰富的裂芽，裂芽近球状或圆柱状，上部常明显膨大，罕见分枝，直径0.1~0.7毫米，直立，拥挤在地衣体上表面，近乎完全和地衣体融合②；子囊盘不常见，茶渍型，圆盘状，盘面深橘色，盘缘与地衣体相同，盘缘也布满裂芽，有些发育为小裂片③。

生境与分布：采集于六盘山国家级自然保护区野荷谷，附生于华北落叶松树干，海拔 2 340 米。分布于宁夏。

裂芽

子囊盘

黄烛衣科
Candelariaceae

黄烛衣属
Candelaria

亚洲黄烛衣
Candelaria asiatica D. Liu & J. S. Hur

凭证标本号：17-0003

形态特征：地衣体树生或附生于其他地衣体上，叶状，小型，直径 2~5 毫米，亮黄色①；裂片无规则分枝，末级裂片顶端常缢缩形成芽体，类似酵母的出芽方式，芽体圆球状，单一或叠加，亮黄色②；下表面白色，下皮层不连续，假根白色、单一③；未见其他繁殖结构；地衣体 K-。

生境与分布：采集于六盘山国家级自然保护区泾河源镇大湾村，附生于榆树树干或其他地衣体，常见附生于黑蜈蚣叶属地衣体，海拔 1 859 米。分布于宁夏。

裂片顶端的芽体

下表面及假根

黄烛衣科
Candelariaceae

黄烛衣属
Candelaria

同色黄烛衣
Candelaria concolor (Dicls.) B. Stein.

凭证标本号：21050432a

形态特征：地衣体叶状，亮黄色，直径0.5~1厘米，莲座状①；裂片重叠，宽0.1~0.5毫米，边缘布满圆球状状粉芽，密集②；子囊盘偶见，直径小于1.0毫米，与地衣体同色，盘缘常布满粉芽③；下表面白色，假根丰富、单一、白色；皮层K–。

生境与分布：采集于六盘山国家级自然保护区西峡林场、龙潭林场，附生于落叶松、沙棘、密齿柳树干，海拔2 139~2 611米。分布于宁夏、内蒙古、新疆、西藏、云南、湖北、山东、江苏、上海、安徽、台湾。

粉芽　　　　　　　　　　　　子囊盘

黄烛衣科
Candelariaceae

黄烛衣属
Candelaria

纤黄烛衣
***Candelaria fibrosa* (Fr.) Müll. Arg.**

凭证标本号：21050432

形态特征：地衣体叶状，亮黄色，直径1.5~2厘米，莲座状，裂片重叠，宽0.3~0.5毫米，无粉芽及裂芽①；子囊盘圆盘状，直径2毫米，盘缘与衣体同色，盘面色深，深黄色，盘缘可见小裂片②；下表面白色，假根丰富、单一、白色，有时伸出裂片外③；皮层K–。

生境与分布：采集于六盘山国家级自然保护区西峡林场，附生于落叶松树干，海拔2 465米。分布于宁夏、云南、山东、安徽、浙江。

子囊盘

假根

黄烛衣科
Candelariaceae

黄茶渍属
Candelariella

绽放黄茶渍
Candelariella efflorescens R. C. Harris & W. R. Buck

凭证标本号：21050405

形态特征：地衣体淡黄色，由散在的、直径小于 0.2 毫米、不规则的扁平或突起的网格组成①；网格边缘常分裂形成细小的粉芽，进而形成粉芽簇并汇聚成黄色粉末状团块②；子囊盘不常见，直径小于 0.5 毫米。

生境与分布：采集于六盘山国家级自然保护区米缸山，附生于蒙古栎树干，海拔 2 141 米。分布于宁夏。

粉芽堆

腊肠衣科
Catillariaceae

腊肠衣属
Catillaria

黑棒腊肠衣
***Catillaria nigroclavata* (Nyl.) J. Steiner**

凭证标本号：22052701

形态特征：地衣体壳状，颗粒化，在基物表面呈连续或不连续的灰绿色①；子囊盘丰富，单生散在，贴生，蜡盘型，圆盘状，黑色，直径约0.2毫米②。

生境与分布：采集于六盘山国家级自然保护区秋千架，附生于油松树干，海拔2 056米。分布于宁夏、台湾。

子囊盘

梅衣科
Parmeliaceae

斑叶属
Cetrelia

粉缘斑叶
Cetrelia cetrarioides (Delise) W. L. Culb & C. F. Culb

凭证标本号：21082529

形态特征：地衣体叶状，裂片厚，宽 8~13 毫米，裂片边缘波浪状
起伏①，粉芽堆镶边②；上表面灰绿色，具有明显假
杯点③，下表面浅褐色至黑褐色，具光泽，假杯点散
布④；假根集中于地衣体中央部位；未见子囊盘；化
学反应均为负。

生境与分布：采集于六盘山国家级自然保护区野荷谷，附生于华
北落叶松树枝，海拔 2 277 米。分布于宁夏、陕西、
西藏、四川、重庆、贵州、云南、河北、湖北、黑
龙江、吉林、辽宁、台湾。

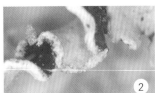

粉芽堆

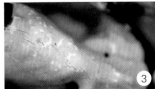

上表面假杯点

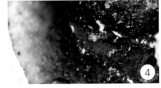

下表面假杯点

梅衣科
Parmeliaceae

扁枝衣属
Evernia

扁枝衣
Evernia mesomorpha Nyl.

凭证标本号：21082730

形 态 特 征：地衣休枝状，灌丛型，直立或悬垂①，表面淡黄绿色，分枝丰富，表面褶皱，棱脊明显，髓层白色，无中轴；分枝上覆有粉芽，粉芽黄绿色②；未见子囊盘。

生境与分布：采集于六盘山国家级自然保护区野荷谷、东山坡，附生于华北落叶松树干，海拔 2 169~2 254 米。分布于宁夏、内蒙古、新疆、陕西、西藏、云南、四川、吉林、黑龙江。

粉芽

梅衣科
Parmeliaceae

皱衣属
Flavoparmelia

皱衣
***Flavoparmelia caperata* (L.) Hale**

凭证标本号：21082201

形态特征：地衣体叶状，贴生于基物，直径达15厘米，上表面黄绿色①；裂片不规则分裂，顶端圆形有小缺刻，无缘毛；上表面无假杯点，多褶皱，在褶皱脊上，可见圆形粉芽堆，有时连接成片②；在中央位置常可见丰富的短圆柱状裂芽化疱状体，顶端常破裂，有些后期会发育成小裂片③；下表面边缘部位淡褐色、无假根，向心变黑色、有假根。未见子囊盘。

生境与分布：采集于六盘山国家级自然保护区野荷谷、二龙河，附生于油松、华北落叶松树干，海拔2 069~2 241 米。分布于宁夏、内蒙古、新疆、陕西、西藏、云南、四川、重庆、山东、安徽、湖北、江西、吉林、黑龙江、辽宁、台湾。

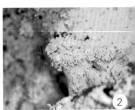

粉芽堆

裂芽化疱状体

梅衣科
Parmeliaceae

黄星点衣属
Flavopunctelia

皱黄星点衣
Flavopunctelia flaventior (Stirt.) Hale

凭证标本号：17–0060

形态特征：地衣体叶状，贴生于树皮，直径达 9 厘米，上表面黄绿色①；裂片不规则分裂，顶端圆形全缘或有小缺刻，无缘毛；上表面分布有白色圆形假杯点，有些后期发展成为粉芽堆，粉芽堆在裂片边缘也有分布，在中央位置粉芽堆丰富，粉芽淡黄绿色②；下表面边缘部位淡褐色、无假根，向心变黑色、有假根。未见子囊盘。

生境与分布：采集于六盘山国家级自然保护区植物园、野荷谷、二龙河，附生于榛属、柳属植物树干，海拔 1 933~2 221 米。分布于宁夏、陕西、西藏、云南、四川、北京、吉林、河北。

假杯点及粉芽堆

梅衣科
Parmeliaceae

伊氏叶属
Melanelixia

唇粉芽伊氏叶
Melanelixia albertana (Ahti) O. Blanco, A. Crespo, Divakar, Essl., D. Hawksw. & Lumbsch

凭证标本号：21082714

形态特征：地衣体叶状，紧贴基物，直径 7~9 厘米，橄榄绿色至橄榄褐色①；末端裂片短，宽 1~2 毫米，上扬，裂片顶端下表面覆盖粉芽堆，外翻，粉芽颗粒状，深褐色②；上表面光滑有光泽，无裂芽及假杯点，下表面光滑，浅褐色，边缘色浅；假根单一；未见子囊盘。

生境与分布：采集于六盘山国家级自然保护区东山坡，附生于落叶松树干，海拔 2 361 米。分布于宁夏、新疆、四川。

裂片边缘粉芽堆

梅衣科
Parmeliaceae

伊氏叶属
Melanelixia

茸伊氏叶
Melanelixia glabra (Schaer.) O. Blanco, A. Crespo, Divakar, Essl., D. Hawksw. & Lumbsch

凭证标本号：21050305

形态特征：地衣体叶状，紧贴基物，直径3~15厘米，橄榄绿色至橄榄褐色①；地衣体末端裂片短，宽2~7毫米，边缘波状裂，具有较多小裂片，表面具有表皮毛，有光泽②；无粉芽及裂芽；地衣体下表面浅棕色，边缘色浅，假根单一；子囊盘丰富，茶渍型，直径3~6毫米，盘面凹陷，盘缘常有齿状疣突，或具有假杯点的网状脊突，盘缘可见细小的表皮毛；子囊8孢子，单胞，椭圆形。

生境与分布：采集于六盘山国家级自然保护区野荷谷、米缸山、秋千架、大雪山，附生于落叶松、陇东海棠、白桦、华西忍冬树干，海拔1 767~2 625米。分布于宁夏。

表皮毛

49

梅衣科
Parmeliaceae

伊氏叶属
Melanelixia

胡氏伊氏叶
***Melanelixia huei* (Asahina) O. Blanco, A. Crespo, Divakar, Essl., D. Hawksw. & Lumbsch**

凭证标本号：21050315

形态特征：地衣体叶状，紧贴基物，橄榄绿色至橄榄褐色，地衣体直径 2~8 厘米；小裂片多量，在地衣体表面连续堆积至覆瓦状排列，宽 0.5~1 毫米；地衣体上表面无假杯点，无粉芽、裂芽及表皮毛；地衣体下表面黑棕色，边缘色浅，光滑，假根单一；子囊盘茶渍型，直径 4~8 毫米，盘面凹陷至平展，盘缘常有齿状疣突；子囊 8 孢子，单胞，椭圆形。

生境与分布：采集于六盘山国家级自然保护区野荷谷、大雪山，附生于华北落叶松、黑桦、油松、密齿柳树干，海拔 2 254~2 620 米。分布于宁夏、内蒙古、陕西、河北、山东、安徽、浙江、湖北、辽宁。

梅衣科
Parmeliaceae

黑尔衣属
Melanohalae

长芽黑尔衣
***Melanohalea elegantula* (Zahlbr.) O. Blanco, A. Crespo, Divakar, Essl., D. Hawksw. & Lumbsch**

凭证标本号：21050310

形态特征：地衣体叶状，紧贴基物，直径1~1.5厘米；上表面深橄榄褐色，有光泽，遇湿呈黄绿色①；地衣体木级裂片短，直径1.5~2.0毫米，边缘波状裂，微微上扬；无粉芽，上表面具有丰富的圆柱状裂芽，裂芽分枝或无，顶端有假杯点②；下表面黑棕色，边缘颜色浅，光滑，假根单一；子囊盘茶渍型，盘面凹陷，无柄，盘缘常有不规则凸起；子囊8孢子，单胞，椭圆形。

生境与分布：采集于六盘山国家级自然保护区野荷谷，附生于落叶松树干，海拔2 254米。分布于宁夏、内蒙古、新疆、西藏。

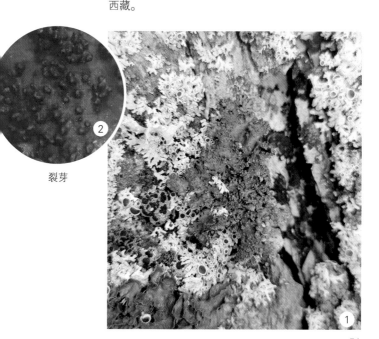

裂芽

梅衣科
Parmeliaceae

黄髓叶属
Myelochroa

绿色黄髓叶
***Myelochroa galbina* (Ach.) Elix & Hale**

凭证标本号：22052863

形态特征：地衣体叶状，小型，青灰色，衣体中心褶皱显著①；
裂片宽 2 毫米，顶端抬升，反卷形成盔状②，在盔
的顶面常形成粉芽堆，墨绿色③；髓层白色，下表
面棕色，假根稀少；未见子囊盘。

生境与分布：采集于六盘山国家级自然保护区胭脂峡，附生于油
松树干，海拔 1 768 米。分布于宁夏、四川、辽宁。

①

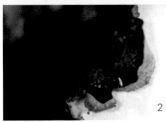

②

盔状顶端

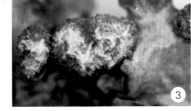

③

粉芽堆

梅衣科
Parmeliaceae

黄髓叶属
Myelochroa

反卷黄髓叶
Myelochroa metarevoluta (Asahina) Elix & Hale

凭证标本号：17-0011

形态特征：地衣体叶状，黄绿色，不规则形，宽2~9厘米，与基物紧密结合①；裂片宽短，近二叉分枝，顶端常抬升，反卷形成盔状②；裂片的斜切面靠近上皮层部位的髓呈现明显的黄色③，裂片边缘明显黑色；粉芽常形成于盔状结构的顶部，成暗褐色粉芽堆④；下表面深褐色，假根短小，约0.5毫米，黑色，单一。未见子囊盘。

生境与分布：采集于六盘山国家级自然保护区冶家村大湾区、野荷谷，附生于青杨、落叶松树干，海拔1 859~2 284米。分布于宁夏、陕西、云南、贵州、四川、湖南、浙江、吉林、湖北、福建、安徽。

裂片顶端盔状

斜切面黄色的髓

粉芽堆

53

梅衣科
Parmeliaceae

星点梅属
Punctelia

粉斑星点梅
Punctelia borreri (Sm.) Krog

凭证标本号：21050431

形态特征：地衣体叶状，中型，圆形至不规则形紧贴基物扩展，直径约3厘米，上表面灰色至灰绿色，具有明显假杯点，裂片宽2~6毫米①；地衣体边缘棕色，波浪状，有灰色粉末状粉芽堆；下表面深褐色至黑色，假根短、丰富②；未见子囊盘；髓层白色；含有三苔色酸。

生境与分布：采集于六盘山国家级自然保护区米缸山、沙南峡，附生于华北落叶松、山桃、小叶柳、茶藨子属植物树干，海拔1 598~2 451米。分布于宁夏、内蒙古、甘肃、西藏、四川、贵州、云南、河北、山东、陕西、黑龙江、北京、辽宁、安徽、湖北、湖南、浙江、福建。

下表面及假根

梅衣科
Parmeliaceae

星点梅属
Punctelia

亚粗星点梅
***Punctelia subrudecta* (Nyl.) Krog**

凭证标本号：21050428

形态特征：地衣体叶状，中型，灰绿色至深灰绿色，裂片2~4毫米①；上表面具有稀疏的假杯点，粉芽堆形成于裂片边缘及上表面，圆形，粉芽灰绿色②；下表面浅褐色，假根单一③；未见子囊盘。

生境与分布：采集于六盘山国家级自然保护区大南沟、米缸山、野荷谷、红峡林场、大雪山、秋千架，附生于蒙古栎、华北落叶松、油松、华山松、杜梨、旱榆树干，海拔1 694~2 619米。分布于宁夏、陕西、四川、云南、贵州、湖北、湖南、山东、台湾。

假杯点及粉芽堆

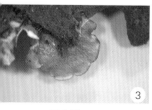

下表面

梅衣科
Parmeliaceae

松萝属
Usnea

癞屑化松萝
***Usnea lapponca* Vain.**

凭证标本号：21050322

形态特征：地衣体枝状，灌丛型，半直立，黄绿色，高4~5厘米，基部色浅①；无明显主枝，分枝丰富，密生侧生的纤毛状小分枝及乳突②；侧枝密生粉芽，粉芽堆圆形或长圆形，直径有时大于枝茎③；髓层白色，具中轴；未见子囊盘。

生境与分布：采集于六盘山国家级自然保护区野荷谷、东山坡、米缸山，附生于华北落叶松树干，海拔 2 254~2 354 米。分布于宁夏。

乳突　　　　　　　　　　粉芽堆

梅衣科
Parmeliaceae

松萝属
Usnea

马尔梅松萝
Usnea malmei Motyka

凭证标本号：12–0049

形态特征：地衣体枝状，灌丛型，黄绿色至灰绿色，基部同色；分枝多，末枝波曲①；枝条常环裂，露出白色髓层②；假杯点明显，圆形或长圆形，常散在于主枝③；枝上可见粉芽堆，黄绿色，疣突较多，有些发生于粉芽堆上④；未见子囊盘。

生境与分布：采集于六盘山国家级自然保护区秋千架，附生于华北落叶松树干，海拔1 718米。分布于宁夏。

环裂

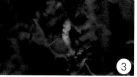

假杯点

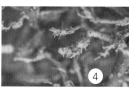

粉芽堆及疣突

梅衣科
Parmeliaceae

松萝属
Usnea

亚花松萝
Usnea subfloridana Stirt

凭证标本号：21082601

形态特征：地衣体枝状，直立，灌丛型，高3~9厘米，近单轴分枝，主枝基部黑色①；地衣体黄绿色，皮层常碎裂，露出白色髓层中轴；分枝表面有众多乳突，与地衣体同色②；分枝顶端部位常有粉芽堆，圆形至椭圆形，直径小于枝茎，粉芽淡粉绿色③；未见子囊盘。

生境与分布：采集于六盘山国家级自然保护区野荷谷、大雪山、东山坡，附生于华北落叶松树干，海拔2 123~2 354米。分布于宁夏、新疆、内蒙古、西藏、贵州、浙江、四川、云南、黑龙江、吉林、辽宁、福建、广东、台湾。

乳突

粉芽堆

石蕊科
Cladoniaceae

石蕊属
Cladonia

喇叭石蕊
Cladonia pyxidata (L.) Hoffm

凭证标本号：22052949

形态特征：地衣体树牛或藓生①，初生地衣体鳞片状，舌状翘起或直立；上表面绿色，下表面白色②；拟果柄高1.0~2.0厘米，果柄顶端扩大，呈高脚杯状，杯底封闭，无粉芽，拟果柄及果杯表面具有淡绿色圆形鳞片③；子囊盘棕色，蜡盘型，着生于杯子边缘③；果柄 K−，初生鳞片 P+ 红色。

生境与分布：采集于六盘山国家级自然保护区西峡林场、红峡林场、龙潭林场，附生于白桦、华山松树干或岩石土壤藓层，海拔 2 249~2 519 米。分布于宁夏、内蒙古、新疆、陕西、西藏、贵州、云南、河北、湖北、山东、安徽、上海、浙江、江西、福建、广西、黑龙江、吉林、辽宁、台湾。

初生地衣体

炎绿色圆形鳞片及子囊盘

胶衣科
Collemataceae

胶衣属
Collema

隆胶衣
Collema glebulentum (Cromb) Degel.

凭证标本号：21082739

形态特征：地衣体中型叶状，直径3~6厘米，膜质①；上表面黑色，裂片覆瓦状排列，裂片边缘圆钝，上扬，裂片表面或边缘密布裂芽，裂芽多少分枝，珊瑚状，有些已进一步发育为小裂片②；未见子囊盘。

生境与分布：采集于六盘山国家级自然保护区米缸山，附生于蒙古栎树干，海拔2 128米。分布于宁夏、新疆、陕西、江苏、吉林。

珊瑚状裂芽

胶衣科
Collemataceae

猫耳衣属
Leptogium

褶皱猫儿衣
Leptogium rugosum Slerk

凭证标本号：21082738

形态特征：地衣体叶状，中型，黑灰色或橄榄黑色，上表面具有细密的褶皱纹①；裂片宽 2~8 毫米，无裂芽及小裂片；下表面具有白色茸毛，子囊盘多，贴生于地衣体上表面，0.2~1 毫米，圆盘状，盘面红棕色②，孢子纺锤形，有分隔至砖壁型。

生境与分布：采集于六盘山国家级自然保护区米缸山、大雪山，附生于蒙古栎、密齿柳树干，海拔 2 103~2 619 米。分布于宁夏。

子囊盘

胶衣科
Collemataceae

猫耳衣属
Leptogium

土星猫耳衣
Leptogium saturninum (Dick.) Nyl.

凭证标本号：21082637

形态特征：地衣体黑褐色，叶状，中型，直径6~8厘米；裂片阔圆，宽约6毫米，上表面平展，边缘波浪状①；上表面密生与地衣体同色的粒状裂芽②，下表面密生污白色茸毛③，下表面边缘具有宽约1毫米的无茸毛区；未见子囊盘。

生境与分布：采集于六盘山国家级自然保护区龙潭林场、红峡林场、东山坡、野荷谷，附生于毛榛、华山松、少脉椴、白桦树干，海拔2 191~2 611米。分布于宁夏、内蒙古、新疆、陕西、西藏、四川、湖北、安徽、浙江、黑龙江。

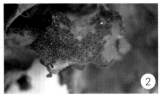

裂芽

下表面茸毛

茶渍衣科
Lecanoraceae

茶渍属
Lecanora

异形茶渍
Lecanora allophana (Ach.) Nyl.

凭证标本号：21082326

形态特征：地衣体典型壳状，灰白色，表面近光滑①；子囊盘茶渍型，圆盘状，直径0.1~1毫米，基部缢缩，盘面红棕色至黑棕色，盘缘与地衣体同色②，子囊8孢子；含有黑茶渍素。

生境与分布：采集于六盘山国家级自然保护区红峡林场、野荷谷，附生于华山松、白桦树干，海拔2 180~2 318 米。分布于宁夏、甘肃、陕西、四川、云南、山东、安徽、湖南、浙江。

子囊盘

茶渍衣科
Lecanoraceae

茶渍属
Lecanora

亚丽茶渍
***Lecanora chlarotera* Nyl.**

凭证标本号：21082530

形态特征：地衣体典型壳状，灰白色，局部灰绿色，表面粗糙，可见疣状凸起①；子囊盘茶渍型，圆盘状，盘缘与地衣体同色，不全缘，有明显缺刻，盘面浅黄棕色，凸起，中央稍凹陷，盘基缢缩②。

生境与分布：采集于六盘山国家级自然保护区大雪山、米缸山，附生于华北落叶松、油松树干，海拔 2 277~2 800 米。分布于宁夏、甘肃、四川、云南、贵州、山东、江苏、湖南、福建、广东、香港、台湾。

子囊盘

茶渍衣科
Lecanoraceae

茶渍属
Lecanora

裸茶渍
Lecanora glabrata (Ach.) Malme

凭证标本号：21082443

形态特征：地衣体典型壳状，灰绿色，表面粗糙，有明显的疣状凸起①；子囊盘茶渍型，圆盘状，盘缘与地衣体同色，粗糙，盘面红棕色至棕色，基部与基物紧密贴合，直径 0.5~1.0 毫米②。

生境与分布：采集于六盘山国家级自然保护区龙潭林场、米缸山、秋千架，附生于少脉桉、银露梅、华北落叶松、青杨、桥叶槭、高山冻绿树干，海拔 1 601~2 875 米。分布于宁夏、甘肃、福建。

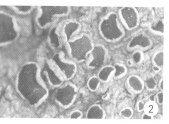

子囊盘

茶渍衣科
Lecanoraceae

茶渍属
Lecanora

合茶渍
***Lecanora symmicta* (Ach.) Ach.**

凭证标本号：21082632

形态特征：地衣体壳状，薄，颗粒状，灰绿色①；子囊盘蜡盘型，盘面蜡黄色至亮黄色，直径 0.3~0.8 毫米，幼年期盘面平，至成熟时盘面凸起，有时子囊盘彼此间相融合②。

生境与分布：采集于六盘山国家级自然保护区大雪山、王化南林场，附生于油松、柳叶鼠李树干，海拔 1 905~2 578 米。分布于宁夏、甘肃、台湾。

子囊盘

茶渍衣科
Lecanoraceae

小网衣属
Lecidella

油色小网衣
***Lecidella elaeochroma* (Ach.) M. Choisy**

凭证标本号：21082527

形态特征：地衣体壳状，深入基物内部，外表颗粒状，黄绿色①；子囊盘多，散生或连接，直径0.3~1.0毫米，黑色，无粉霜，蜡盘型，最初盘面平展，有明显盘缘，后盘面凸起，半球形②，单胞，卵圆形，无色透明。

生境与分布：采集于六盘山国家级自然保护区野荷谷、大雪山、王化南林场，附生于华北落叶松、油松树干，海拔2 139~2 602 米。分布于宁夏、新疆、陕西、四川、云南、广东、江苏、台湾。

子囊盘

巨孢衣科
Megasporaceae

巨孢衣属
Megaspora

棱粉巨孢衣
***Megaspora rimisorediata* Valadb & A. Nordin**

凭证标本号：17–0016

形态特征：地衣体壳状，与基物紧密贴附，边缘不明显；地衣体蓝灰色至赭色，表观粗糙，多纵向裂缝①；在疣状突起棱脊上具青灰色粉芽堆②；子囊盘丰富，茶渍型，圆形或椭圆形，直径 1~2 毫米，盘面黑色，凹陷，无粉霜，盘缘明显，较厚，与衣体同色，子囊盘常突出于地衣体表面，高约 150 微米③；子囊棒状，4~8 孢子，孢子单胞无色，（35~42）微米 ×（23~27）微米，椭圆形。

生境与分布：采集于六盘山国家级自然保护区植物园，附生于蒙古栎树干，海拔 1 933 米。分布于宁夏。

子囊盘

粉芽堆

巨孢衣科
Megasporaceae

巨孢衣属
Megaspora

小疣巨孢衣
Megaspora verrucosa (Ach.) Hafellner & V. Wirh

凭证标本号：21082329

形态特征：地衣体壳状，与基物紧密贴附，边缘明显，表观网格状或疣状，灰白色至白色①；子囊盘茶渍型，圆形或椭圆形，埋生于龟裂片，盘面黑色，凹陷或与衣体表面相平，无粉霜，盘缘明显，较厚，与衣体同色②；子囊棒状，8 孢子，孢子单胞无色，椭圆形或宽椭圆形，（30~60）微米 ×（21~42）微米；化学反应均为负。

生境与分布：采集于六盘山国家级自然保护区二龙河、红峡林场，附生于华山松、白桦树干，海拔 2 180~2 268 米。分布于宁夏、内蒙古、甘肃、青海、新疆、西藏、四川。

子囊盘

树花科
Ramalinaceae

树花属
Ramalina

粉粒树花
***Ramalina pollinaria* (Westr.) Ach.**

凭证标本号：17–0114

形态特征：地衣体枝状，簇生，高约1.5厘米，以基部固着于基物；分枝扁平，形成明显棱脊，宽0.1~1.5毫米，宽度向着枝端渐变窄狭①；粉芽堆椭圆形，主要分布于两侧棱脊上②；未见子囊盘；皮层及髓层化学反应均为负。

生境与分布：采集于六盘山国家级自然保护区二龙河，附生于榛属植物树干，海拔约2 218米。分布于宁夏、陕西、新疆、云南、四川、黑龙江、吉林、辽宁、山东。

粉芽堆

树花科
Ramalinaceae

树花属
Ramalina

中国树花
Ramalina sinensis Jatta

凭证标本号：17-0086

形态特征：地衣体扁枝状，呈扇形直立，以基部固着于基物，高4~8厘米，宽2~4厘米，具背腹性，腹面灰白色，有隆起的脉纹，背面灰绿色，具强烈的网状脊皱①；子囊盘常见，顶生或边缘生，圆盘状，灰白色，直径2~7毫米②；皮层及髓层化学反应均为负。

生境与分布：采集于六盘山国家级自然保护区米缸山、野荷谷、东山坡、秋千架，附生于华北落叶松、杜梨、秦岭小檗树干，海拔1 945~2 697米。分布于宁夏、甘肃、新疆、陕西、西藏、四川、云南、内蒙古、青海、黑龙江、吉林、辽宁、山东、湖北、台湾。

子囊盘

鸡皮衣科
Pertusariaceae

肉疣衣属
Ochrolechia

轮生肉疣衣
Ochrolechia trochophora (Vain.) Oshio

凭证标本号：21082640

形态特征：地衣体壳状，灰白色，多疣，表面粗糙①；子囊盘埋生，盘圆，茶渍型，直径 1~2 毫米，盘面平展，淡粉红色，盘缘肥厚，不整齐，有疣状凸起②。

生境与分布：采集于六盘山国家级自然保护区大雪山，附生于毛榛树干，海拔 2 602~2 613 米。分布于宁夏、甘肃、陕西、云南、广西、吉林、贵州、安徽、浙江、台湾。

子囊盘

鳞叶衣科
Pannariaceae

鳞叶衣属
Pannaria

绵毛鳞叶衣
***Pannaria conoplea* (Ach.) Bory**

凭证标本号：20–0037

形态特征：地衣体小型叶状，直径0.8~2厘米，不规则形，与基物紧密贴附①；地衣体上表面灰白色至铅灰色，裂片宽1~3毫米，顶端常覆有白色粉霜②；地衣体中心常呈现碎裂的网格状，沿裂缝可见扁球形或球形裂芽状颗粒，与衣体同色，被明显的粉霜③；地衣体下表面白色，具棕色、交织的假根，毡状；未见子囊盘；共生藻为蓝藻。

生境与分布：采集于六盘山国家级自然保护区小南川，附生于阔叶树树干，海拔2 132米。分布于宁夏、新疆、西藏、四川、山东、湖南、湖北、江苏、福建、广东、安徽、浙江、台湾。

裂片顶端粉霜

裂芽状颗粒

岩生地衣

　　这部分主要展示六盘山国家级自然保护区内附生于岩石表面的一些地衣，它们常被称为岩生地衣（saxicolous lichen）。最早就是这类地衣登陆岩石圈，利用自身分泌的地衣酸不断改造腐蚀岩石表面，在岩石表面形成最原始的土壤，从而为之后其他高等植物的定植创造了条件。因此，它们当之无愧是地球陆地最初的"拓荒者"。

岩生地衣群落（*Xanthoria* sp.）

蜈蚣衣科
Physciaceae

黑蜈蚣叶属
Phaeophyscia

圆叶黑蜈蚣叶
***Phaeophyscia orbicularis* (Neck.) Moberg**

凭证标本号：17-0256

形态特征：地衣体叶状，衣体微小，直径小于10厘米，铅灰色①；衣体中央可见多量粉芽，常发生于近中央部位地衣体的上表面，呈现圆球形凸起②；地衣体下表面黑色，假根单一、黑色；无子囊盘。

生境与分布：采集于六盘山国家级自然保护区野荷谷、米缸山，附生于岩石表面，海拔2 301~2 241米。分布于宁夏、新疆、陕西、四川、北京、贵州、江苏、浙江。

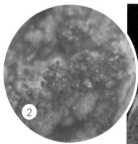

上表面粉芽堆

蜈蚣衣科
Physciaceae

黑蜈蚣叶属
Phaeophyscia

暗裂芽黑蜈蚣叶
Phaeophyscia sciastra (Ach.) Moberg

凭证标本号：21050350

形态特征：地衣体叶状，莲丛形，上表面铅灰色，遇湿变为翠绿色①；裂片 0.1~0.2 毫米，边缘具丰富的粉芽，灰绿色②；子囊盘茶渍型，盘面黑色，盘缘明显，与地衣体同色，盘缘具有稀疏的短皮层毛，无色，子囊盘直径 1~1.2 毫米；下表面黑色至裂片边缘浅色，假根丰富，单一不分枝，黑色，髓层白色。

生境与分布：采集于六盘山国家级自然保护区野荷谷、米缸山、五锅梁，附生于岩石表面，海拔 2 340~2 809 米。分布于宁夏、内蒙古、新疆、陕西、北京、四川、江苏。

裂片边缘粉芽堆

蜈蚣衣科
Physciaceae

蜈蚣衣属
Physcia

兰灰蜈蚣衣
***Physcia caesia* (Hoffm.) Furnr.**

凭证标本号：220502947

形态特征：地衣体叶状，圆形扩展，直径达7厘米，上表面浅灰色，裂片宽1~3毫米，相互紧密靠生①；裂片上表面微凸，可见明显白斑，蓝灰色的球形粉芽堆表面生②；下表面浅褐色至棕色，具有短黑色的假根；子囊盘未见。

生境与分布：采集于六盘山国家级自然保护区小南川、五锅梁，附生于岩石表面，海拔 2 504~2 575 米。分布于宁夏、内蒙古、新疆、陕西、北京、山西、浙江、四川、云南。

裂片顶端粉芽堆

蜈蚣衣科
Physciaceae

大孢衣属
Physconia

俄罗斯大孢衣
***Physconia rossica* G. Urban.**

凭证标本号：17052801

形态特征：地衣体叶状，圆形或不规则形，直径 2~5 厘米，紧密附着于基物①；地衣体上表面灰白色，覆有白色厚重的粉霜，遇水变灰绿色②；裂片边缘微上翻，末级裂片 0.5~1.0 毫米，裂片顶端下皮层具有深褐色唇形粉芽堆③；下表面白色至浅棕色，无皮层或仅中心有皮层④；假根白色或浅棕色，单一成束，稀疏；子囊盘未见。

生境与分布：采集于六盘山国家级自然保护区胭脂峡、野荷谷，附生于岩石表面，海拔 2 241 米。分布于宁夏、青海、西藏。

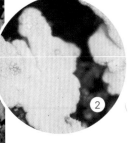

粉霜

裂片顶端粉芽堆

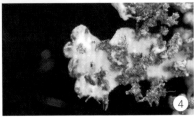

下表面

黄枝衣科
Teloschistaceae

橙衣属
Caloplaca

粉橙衣
Caloplaca lenae Søchting & Figueras

凭证标本号：22052814

形态特征：地衣体壳状，暗黄色，紧密贴附于岩石表面，不规则形①；表面呈现疣状凸起，疣突之间分割线明显，疣突的边缘可见亮黄色粉芽堆，近唇形②；未见子囊盘。

生境与分布：采集于六盘山国家级自然保护区胭脂峡，附生于岩石表面，海拔 1 714 米。分布于宁夏。

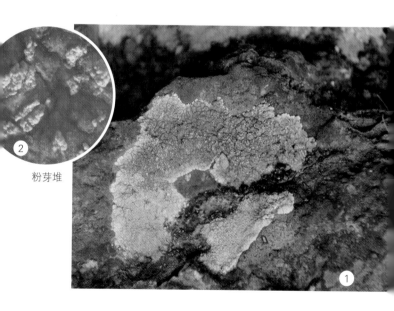

粉芽堆

黄枝衣科
Teloschistaceae

石黄衣属
Xanthoria

丽石黄衣
Xanthoria elegans (Link) Th. Fr.

凭证标本号：17-0241

形态特征：地衣体壳状，橙黄色至橙色，莲座状或不规则状，下表面紧紧贴附于基物，仅边缘裂片游离，常明显隆起，上表面比较粗糙，皱褶明显或形成大小个一的疣状凸起①；下表面白色，无明显假根；子囊盘常见，丰富，常形成于地衣体中间位置，圆盘状，全缘无柄，盘面橙黄色②；无裂芽及粉芽。

生境与分布：采集于六盘山国家级自然保护区胭脂峡、野荷谷、米缸山，附生于岩石表面，海拔 1 723~2 241 米。分布于宁夏、新疆、内蒙古、陕西、西藏、云南、山东、吉林、江苏。

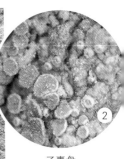

子囊盘

黄枝衣科
Teloschistaceae

变孢衣属
Variospora

拟变孢衣
Variospora dolomiticola (Hue) Arup, Søchting & Frödén

凭证标本号：21050445

形态特征：地衣体亚鳞叶状，围绕着成簇的子囊盘发育，淡橘黄色，边缘可见薄叶状地衣体①；子囊盘，圆盘状，直径 0.1~0.2 毫米，亮橘黄色②；子囊 8 孢子，孢子椭圆形至梭形。

生境与分布：采集于六盘山国家级自然保护区米缸山、沙南峡，附生于岩石表面，海拔 1 654~2 800 米。分布于宁夏、台湾。

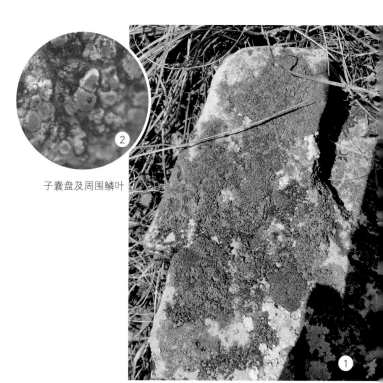

子囊盘及周围鳞叶

黄烛衣科
Candelariaceae

黄茶渍属
Candelariella

金黄茶渍
Candelariella aurella (Hoffm.) Zahlbr

凭证标本号：210504047

形态特征：地衣体完全生长于基物内部，外面仅可见到多量的子囊盘①；子囊盘近圆盘状，茶渍型，盘缘亮黄色，盘面黄棕色，直径0.3~1.2毫米，生于基物表面②；子囊8孢子，孢子无色，椭圆形；地衣体K–。

生境与分布：采集于六盘山国家级自然保护区米缸山高山草甸区，附生于岩石表面，海拔2 812米。分布于宁夏、内蒙古、新疆、甘肃、青海、台湾。

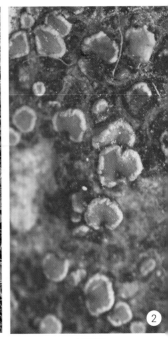

子囊盘

腊肠衣科
Catillariaceae

黄厚膜属
Placolecis

黄厚膜衣
Placolecis loekoesiana **(S. Y. Kondr., Farkas, J. J. Woo & Hur) A. C. Yin**

凭证标本号：22052860

形态特征：地衣体棕黄色，边缘裂片短，肥厚凸起，彼此间有显著的沟壑，地衣体表面形成多量疣状凸起①；髓层黄色，分生孢子器丰富；该种在六盘山未见子囊盘，但分布于贺兰山的种群具有丰富的子囊盘，黑色，近半球形或圆盘状②；子囊孢子椭圆形，（10~14）微米×（5~6）微米。

生境与分布：采集于六盘山国家级自然保护区胭脂峡，附生于岩石表面，海拔约 1 770 米。分布于宁夏。

子囊盘及黄色的髓

梅衣科
Parmeliaceae

黄梅属
Xanthoparmelia

淡腹黄梅
Xanthoparmelia mexicana (Gyeln.) Hale

凭证标本号：22053031

形态特征：地衣体中等叶状，宽 10 厘米，紧密贴生于基物；地衣体上表面黄绿色，裂片不规则分裂，末裂片宽 1~2 毫米，顶端圆钝，常有褐色至黑色镶边①；地衣体上表面中央常可见密集的裂芽，圆球形至柱状，单一不分枝②；髓层白色，下表面淡褐色至褐色，假根单一，淡褐色至褐色；未见子囊盘；髓层 K+ 黄色至红色。

生境与分布：采集于六盘山国家级自然保护区沙南峡，附生于岩石表面，海拔约 1 614 米。分布于宁夏、新疆、陕西、内蒙古、西藏、山西、河北、安徽、浙江、山东、北京、黑龙江、吉林、辽宁。

上表面裂芽

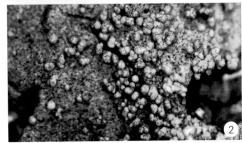

胶衣科
Collemataceae

胶衣属
Collema

砖孢胶衣
***Collema subconveniens* Nyl.**

凭证标本号：21082353

形态特征：地衣体叶状，黑色，直径约2厘米，干后膜质①；裂片宽阔，覆瓦排列，边缘明显增厚②；无裂芽，子囊盘常见，贴生于上表面，直径0.5~1.5毫米，盘面平，红棕色③；子囊8孢子，孢子无色，近椭圆形，砖壁型孢子。

生境与分布：采集于六盘山国家级自然保护区红峡林场，附生于岩石表面，海拔2 073米。分布于宁夏、新疆、陕西、云南、贵州、浙江、山东、湖北。

贴生的子囊盘

2

加厚的边缘

3

1

胶衣科
Collemataceae

胶衣属
Collema

坚韧胶衣普通变种
***Collema tenax* var. *vulgare* (Schaer.) Degel.**

凭证标本号：21050302

形态特征：地衣体叶状，干后黑色，湿时深棕色，具有明显的或深或浅的分裂，裂片放射状，重叠，末端裂片顶端圆阔，未见子囊盘。

生境与分布：采集于六盘山国家级自然保护区野荷谷、红峡林场，附生于岩石表面，海拔 1 827~2 172 米。分布于宁夏、新疆、内蒙古、西藏、河北。

茶渍衣科
Lecanoraceae

原类梅属
Protoparmeliopsis

石墙原类梅
Protoparmeliopsis muralis (Schreb.) M. Choisy

凭证标本号：21050303

形态特征：地衣体圆形，壳状至鳞壳状，紧贴基物；中央鳞片紧密靠牛，边缘鳞片呈放射状浅裂①；地衣体上表面青灰色至黄绿色，无粉芽裂芽；子囊盘聚生于衣体中央，圆盘状，无柄②；子囊 8 孢子，孢子无色，单胞，椭圆形。

生境与分布：采集于六盘山国家级自然保护区野荷谷、米缸山、二龙河、胭脂峡、五锅梁、沙南峡，附生于岩石或废弃的瓦砾砖墙表面，海拔 1 676~2 866 米。

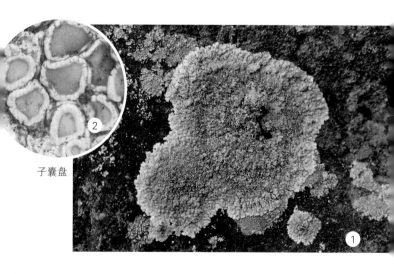

子囊盘

巨孢衣科
Megasporaceae

野粮衣属
Circinaria

内卷野粮衣
Circinaria contorta (Hoffm.) A. Nordin, Savić & Tibell

凭证标本号：21050336-1

形态特征：地衣体灰色至灰绿色，小网块分散，常为圆饼形，较平或微凸，直径 0.5~1.25 毫米，厚 0.1~0.4 毫米①；子囊盘常见，单生于网块的中央，直径 0.2~0.5 毫米，盘面黑色，凹陷，多为圆形，被些许粉霜，果托缘部通常不明显②；K–，C–，P–。

生境与分布：采集于六盘山国家级自然保护区野荷谷、米缸山，附生于岩石表面，海拔 2 111~2 265 米。分布于宁夏、新疆、西藏、陕西、内蒙古、甘肃、青海、河北。

圆盘状地衣体及子囊盘

巨孢衣科
Megasporaceae

野粮衣属
Circinaria

斑点野粮衣
***Circinaria maculata* (H. Magn.) Q. Ren**

凭证标本号：21050451

形态特征：地衣体壳状，深橄榄色或橄榄灰色，地衣体边缘
裂片通常呈辐射状，中央网格状①；小网格直径
0.5~1.5毫米，棱角分明，连续或分散，具假杯点；
子囊盘常见，盘面黑色，凹陷，具白色粉霜，直径
0.5~1毫米，通常一个网格具有一个子囊盘②；化
学反应为负。

生境与分布：采集于六盘山国家级自然保护区米缸山高山草甸区，
附生于岩石表面，海拔2 800~2 871米。分布于宁
夏、新疆、内蒙古、甘肃、青海。

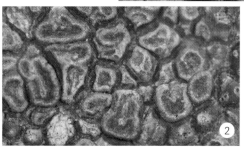

黑色子囊盘及盘缘假杯点

89

巨孢衣科
Megasporaceae

瓣茶衣属
Lobothallia

粉瓣茶衣
Lobothallia alphoplaca (Wahlenb.) Hafellner

凭证标本号：22053029

形态特征：地衣体壳状，表面多疣状凸起，灰白色至橙棕色，龟裂片连续，平坦或凹凸不平，被适中裂缝分开，地衣体较厚，特别是在中央部分，可达 8.0 毫米①；地衣体的边缘为辐射状，裂片呈短柄状，与基物贴合相对疏松；子囊盘茶渍型，直径 0.3~2.0 毫米，圆形或不规则形，盘面黑色或棕色，平坦或凸起，无粉霜或有轻微粉霜，盘缘明显，与地衣体同色②；髓层 K+ 黄色后变红色，C−。

生境与分布：采集于六盘山国家级自然保护区沙南峡，附生于岩石表面，海拔 1 602 米。分布于宁夏、内蒙古、甘肃、新疆、山西、河北、辽宁。

子囊盘及边缘裂片

树花科
Ramalinaceae

树花属
Ramalina

安田氏树花
***Ramalina yasudae* Räsänen**

凭证标本号：21050301

形态特征：地衣体枝状，压扁形，具纵向皱脊，顶端多分叉，黄绿色①；下表面皮层连续或不连续；衣体边缘、分枝顶端及表面均具有明显的圆形至椭圆形粉芽堆，粉芽集结成球状裂芽状②；未见子囊盘。

生境与分布：采集于六盘山国家级自然保护区野荷谷、沙南峡，附生于岩石表面，海拔 1 627~1 827 米，分布于宁夏、四川、云南、吉林、辽宁。

粉芽堆

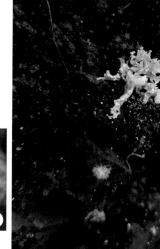

微孢衣科
Acarosporaceae

微孢衣属
Acarospora

小鳞微孢衣
***Acarospora macrospora* (Hepp) A. Massal. ex Bagl.**

凭证标本号：22052851

形态特征：地衣体鳞壳状，鳞片连续，浅褐色至褐色，鳞片凸起或扁平，无规则有棱角①；子囊盘深陷于鳞片中央，单个或几个存在于鳞片中，盘面凹陷，深褐色②。

生境与分布：采集于六盘山国家级自然保护区胭脂峡，附生于岩石表面，海拔 1 756 米。分布于宁夏、新疆。

子囊盘

微孢衣科
Acarosporaceae

聚盘衣属
Glypholecia

糙聚盘衣
***Glypholecia scabra* (Pers.) Muell. Arg.**

凭证标本号：22052846

形态特征：地衣体盾叶状，不规则圆形，肥厚，单生（直径约5毫米）或聚生，棕褐色或肉褐色，覆盖厚的白色粉霜，盾叶边缘常有裂纹①；下表面灰白色或白色，有明显的脐②；子囊盘红褐色，具点状至平展的线纹状，半埋生于盾叶中央，直径约2毫米，盘面无粉霜③；子囊孢子近球形，微小，无色，单胞；K–。

生境与分布：采集于六盘山国家级自然保护区胭脂峡、沙南峡，附生于岩石表面，海拔1 623~1 746米。分布于宁夏、甘肃、新疆、西藏。

下表面脐

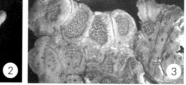

子囊盘

瓶口衣科
Verrucariaceae

皮果衣属
Dermatocarpon

皮果衣 *Dermatocarpon miniatum* (L.) W. Mann.
a. 原变种 *Dermatocarpon miniatum* var. *miniatum* (L.) W. Mann.

凭证标本号：21082727

形态特征：地衣体叶状，单叶型，革质，不规则圆形；上表面铅灰色，有粉霜①；腹面红褐色至褐色，以中央脐固着于基物；无裂芽及粉芽；子囊壳埋生，在地衣体上呈黑点状分布②；子囊 8 孢子，孢子无色，长椭圆形；皮层及髓层 K–，P–。

生境与分布：采集于六盘山国家级自然保护区东山坡、野荷谷、小南川、二龙河、秋千架、胭脂峡、沙南峡，附生于岩石阴面。海拔 1 721~2 270 米。分布于宁夏、新疆、陕西。

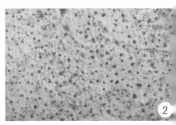

埋生的子囊壳

b. 覆瓦变种
***Dermatocarpon miniatum* var. *imbricatum* (A.Massal.) Dalla Torre & Sarnth**

凭证标本号：22052805

形态特征：地衣休裂片毗邻呈覆瓦状排列，形如玫瑰花。

生境与分布：采集于六盘山国家级自然保护区胭脂峡、沙南峡，附生于岩石阴面，海拔 1 633~1 721 米。分布于宁夏、新疆、西藏。

网衣科
Lecideaceae

网衣属
Lecidea

方斑网衣
Lecidea tessellate **Florke**

凭证标本号：21082342

形态特征：地衣体壳状，灰白色衣体，直径1~4厘米，较厚，衣体表面具有深裂缝①；子囊盘明显，嵌入地衣体，黑色，圆形至多角形，直径1~2毫米，远观可见子囊盘排列形成明显的同心环纹②；子囊孢子单胞，无色。

生境与分布：采集于六盘山国家级自然保护区红峡林场，附生于岩石表面，海拔2 338米。分布于宁夏、青海、甘肃、新疆。

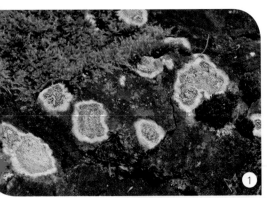

子囊盘

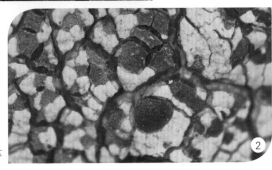

珊瑚枝科
Stereocaulaceae

鳞茶渍属
Squamarina

油鳞茶渍
***Squamarina oleosa* (Zahlbr.) Poelt**

凭证标本号：22050307

形态特征：地衣体鳞壳状至亚叶状，紧密贴附于岩石，直径可达6厘米；地衣体上表面橄榄绿色至黄绿色，体厚，约3毫米①；地衣体边缘裂片鳞片状，游离于基物，裂片边缘常有明显的白色粉霜，中央裂片排列紧密，常有明显褶皱；下表面深棕色至黑色，可见束状假根；子囊盘着生于鳞片上表面近边缘，圆盘状，早期盘面凹陷，后期盘面平至凸起，盘缘明显，浅黄棕色，盘面有明显白色粉霜，直径1~2毫米②。

生境与分布：采集于六盘山国家级自然保护区沙南峡、胭脂峡，附生于岩石表面，海拔1 620~1 778米。分布于宁夏、云南。

子囊盘

土生地衣

　　土生地衣（terricolous lichen）是生物土壤结皮（biological soil crusts）的一个重要的组成成分，它们在维持土壤稳定性，改善土壤理化性质，以及为土壤动物提供庇护所等方面充当重要的功能角色。狭义的土生地衣，是指直接生长在土壤、沙子、泥炭或腐殖质上的地衣。广义的土生地衣，除了狭义的土生地衣外，还包括了生长在藓层土壤、岩石裂隙、岩石上的藓层及植物残留物土层上的地衣。这部分主要展示的是广义上的土生地衣，它们广泛分布于六盘山国家级自然保护区内不同生态系统的土层上。

土生地衣群落 ［Heppia solorionoides（灰白色）；Placidium sp.（棕色）］

蜈蚣衣科
Physciaceae

哑铃孢属
Heterodermia

裂芽哑铃孢
***Heterodermia isidiophora* (Nyl.) D. D. Awasthi**

凭证标本号：17-0075

形态特征：地衣体叶状，小型，疏松贴附于基物，上表面青灰色，有光泽，下表面白色；裂片相对细长，宽约1毫米，顶端微上翘，裂片边缘不具有缘毛①；上表面及边缘常分布有圆柱状或扁柱状裂芽②；假根细长，成束，具柔毛或无；上表面K+黄色。

生境与分布：采集于六盘山国家级自然保护区小南川，附生于苔藓层，海拔1 933米。分布于宁夏、云南、安徽、广西、江苏、浙江、福建、台湾。

裂片边缘的裂芽

石蕊科
Cladoniaceae

石蕊属
Cladonia

分枝石蕊
***Cladonia furcata* (Huds.) Schrad**

凭证标本号：22052922

形态特征：初生地衣体灰绿色，很快消失；果柄高约30毫米，灰绿色或绿棕色，分枝丰富，常二叉状①；果柄外表皮不连续，髓层外露，常被有小鳞片②；无粉芽、裂芽；未见子囊盘。

生境与分布：采集于六盘山国家级自然保护区五锅梁，附生于林缘苔藓层，海拔2 588米。分布于宁夏、新疆、内蒙古、陕西、西藏、云南、黑龙江、吉林、辽宁、台湾。

果柄上鳞片 ②

石蕊科
Cladoniaceae

石蕊属
Cladonia

莲座石蕊
Cladonia pocillum (Ach.) O. J. Rich.

凭证标本号：21082341

形态特征：地生地衣体黄绿色至橄榄色，莲座形①；初生地衣体质厚，鳞叶相互紧密靠生，近乎叶状②；衣体下表面白色；拟果柄灰绿色至棕色，高 0.5~1.0 厘米，单一，果柄顶端形成杯体，杯体内外分布有绿色圆形鳞片③，无粉芽分布；子囊盘棕色，形成于杯体边缘。

生境与分布：采集于六盘山国家级自然保护区米缸山、二龙河、红峡林场，附生于苔藓层或岩石土层，海拔 2 338~2 758 米。分布于宁夏、新疆、陕西、西藏、四川、云南、湖北、山东、广西、黑龙江。

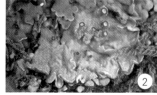

初生地衣体

杯体中绿色圆形鳞片

胶衣科
Collemataceae

胶衣属
Collema

棕绿胶衣
Collema fuscovirens (With.) Laund.

凭证标本号：21082315

形态特征：地衣体叶状，小型，直径小于2厘米①；上表面密布与地衣体同色的球形裂芽②；裂片翘起或直立，表面具隆起的脊，边缘有褶皱；未见子囊盘。

生境与分布：采集于六盘山国家级自然保护区红峡林场，附生于藓层，海拔2 208米。分布于宁夏、新疆、内蒙古、陕西、西藏、四川。

裂芽

胶衣科
Collemataceae

胶衣属
Collema

亚石胶衣
Collema subflaccidum Degel.

凭证标本号：21082208

形态特征：地衣体叶状，小型，直径 2 厘米①；上表面平展，有与地衣体同色的球形裂芽②；裂片边缘厚，下表面色浅，可见分散的白色假根③；子囊盘圆盘状，盘面红棕色，直径 0.5~2.0 毫米④。

生境与分布：采集于六盘山国家级自然保护区五锅梁、大南沟，附生于岩石藓层或岩石，海拔 2 154~2 504 米。分布于宁夏、内蒙古、新疆、陕西、云南、河南、湖北、湖南、安徽、山东、江西、贵州、北京、吉林、海南。

裂芽

下表面假根

子囊盘

胶衣科
Collemataceae

胶衣属
Collema

坚韧胶衣亚星变种
***Collema tenax* var. *substellatum* (H. Magn.) Degel.**

凭证标本号：21082344

形态特征：地衣体叶状，小型，直径小于2厘米，黑色，表面多褶皱①；反复二叉分枝或不规则分枝，具分离的小裂片，末端小裂片近线状，宽0.1毫米，顶端膨胀，透明②；未见子囊盘。

生境与分布：采集于六盘山国家级自然保护区红峡林场，附生于岩石藓层，海拔2 172米。分布于宁夏、甘肃、新疆。

末端小裂片

树花科
Ramalinaceae

菌衣属
Bilimbia

裂片菌衣
Bilimbia lobulata (Sommerf.) Hafellner & Coppins

凭证标本号：17-0271

形态特征：地衣体壳状，小鳞叶状，鳞片 0.2~1 毫米，彼此重叠，衣体灰绿到灰白色，边缘白色，无粉芽①；子囊盘网衣型，直径 0.3~1 毫米，盘面凸起，黑色，彼此分离或联合②；子实层无色或淡棕色，70~90 微米，囊层基棕色，子囊 8 孢子，每个孢子 0~3 隔，孢子（14~26）微米 ×（3~6）微米；皮层和髓层 K-，C-，KC-。

生境与分布：采集于六盘山国家级自然保护区野荷谷、胭脂峡，附生于针叶林下林缘藓层，海拔 1 703~2 241 米。分布于宁夏、新疆、青海、云南、山西。

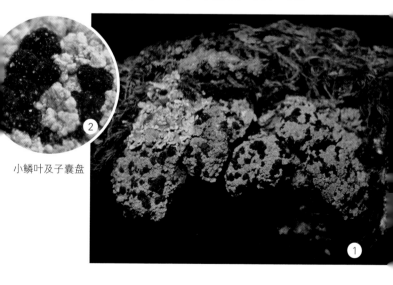

小鳞叶及子囊盘

树花科
Ramalinaceae

菌衣属
Bilimbia

砂地菌衣
***Bilimbia sabuletorum* (Schreb.) Arnold**

凭证标本号：21050449

形态特征：地衣体壳状，紧密贴生于土层或藓层，地衣体可见明显的颗粒状疣突，灰绿色①；子囊盘网衣型，黑色，盘面半全隆起，圆球状，直径约0.5毫米，彼此分离②；子囊8孢子，每个孢子3~7隔，孢子（27.5~42.5）微米×（5~7.5）微米。

生境与分布：采集于六盘山国家级自然保护区米缸山、二龙河、大雪山，附生于岩石土层或树干藓层，海拔2 218~2 812米。分布于宁夏、新疆、吉林。

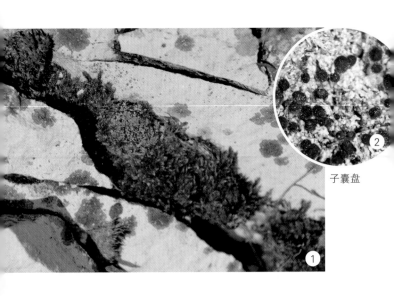

子囊盘

树花科
Ramalinaceae

泡鳞衣属
Toninia

淡泡鳞衣
Toninia tristis subsp. *tristis* (Th.Fr.) Th.Fr.

凭证标本号：21082533

形态特征：地衣体青绿色至棕色，泡状鳞片，表面粗糙，有棕褐色小团块状凸起，无粉霜①；子囊盘贴生于鳞片边缘，黑色，球形，无粉霜，直径0.4~1.2毫米②。

生境与分布：采集于六盘山国家级自然保护区野荷谷、胭脂峡、沙南峡，附生于岩石土层，海拔1 599~2 277米。分布于宁夏、内蒙古、新疆、甘肃、山西、台湾。

子囊盘及鳞叶

瓶口衣科
Verrucariaceae

石果衣属
Endocarpon

石果衣
***Endocarpon pusillum* Hedw.**

凭证标本号：17–0136

形态特征：地衣体鳞片状，鱼鳞状排列，浅棕色至棕灰色，遇湿变绿，鳞片直径0.5~2毫米，通常在种群中心联合成片①；子囊壳埋生，在地衣体上表面形成明显的孔口，与地衣体表面相平或凸出②；子实层含有成簇的圆形或圆柱形绿藻细胞，砖壁型孢子，（24~38）微米×（10~18）微米。

生境与分布：采集于六盘山国家级自然保护区二龙河，附生于岩石缝隙土层，海拔2 218米。分布于宁夏、四川、江苏、上海、香港。

埋生的子囊壳

地卷科
Peltigeraceae

地卷属
Peltigera

犬地卷
***Peltigera canina* (L.) Willd.**

凭证标本号：17-0354

形态特征：地衣体叶状，大型，质薄，青灰色①；裂片边缘下卷，覆有倒伏型白色绒毛②，向心渐变光滑，无粉霜；下表面白色，具有明显的白色网状脉纹，脉纹显著，向心渐变褐色；假根黑色，单一成束，柔毛状③；未见子囊盘；光合共生物为蓝细菌。

生境与分布：采集于六盘山国家级自然保护区野荷谷，附生于藓层，海拔2 508米。分布于宁夏、内蒙古、新疆、西藏、四川、贵州、云南、山西、黑龙江、吉林、北京、河北、湖北、安徽、浙江、福建、台湾。

裂片边缘绒毛

假根

地卷科
Peltigerineae

地卷属
Peltigera

盾地卷
Peltigera collina (Ach.) Schrad.

凭证标本号：12-0020

形态特征：地衣体叶状，中型，平铺；地衣体上表面无绒毛，青灰色①；裂片顶端具有粉霜或无②；具有粉芽堆镶边③，上表面近边缘处也可见到粉芽堆④，粉芽铅灰色；下表面浅色，具有明显的脉纹，脉脊白色至浅棕色；假根单一成束；未见子囊盘；光合共生物为蓝细菌。

生境与分布：采集于六盘山国家级自然保护区二龙河、小南川、五锅梁，附生于路边藓层，海拔2 132~2 463米。分布于宁夏、内蒙古、甘肃、陕西、黑龙江、吉林、辽宁、四川、云南、河北、山西、福建。

叶片边缘粉霜

裂片边缘粉芽堆镶边

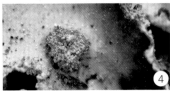

上表面粉芽堆

地卷科
Peltigeraceae

地卷属
Peltigera

分指地卷
***Peltigera didactyla* (With.) J. R. Laundon**

凭证标本号：21050356

形态特征：地衣体叶状，小型，单叶至复叶，直径1~2厘米，单叶
宽5~10毫米，边缘波状起伏，上翘，顶端常圆钝①；
地衣体上表面灰褐色至深绿褐色，表面常见显著的斑
块状粉芽堆②；下表面灰白色，脉纹不明显，有稀疏
假根；未见子囊盘；光合共生物为蓝细菌。

生境与分布：采集于六盘山国家级自然保护区野荷谷、小南川，
附生于路边藓层，海拔 2 132~2 340 米。分布于宁
夏、内蒙古、新疆、陕西、西藏、四川、贵州、云南、
山东、浙江、湖北、北京、黑龙江、吉林、辽宁、
福建、台湾。

表面粉芽堆

地卷科
Peltigeraceae

地卷属
Peltigera

平盘软地卷
Peltigera elisabethae Gyeln.

凭证标本号：21082346

形态特征：地衣体叶状，大型，上表面灰青色至青棕色，光滑无绒毛，有光泽，无粉霜①；裂片近全缘，边缘可见小裂片②；下表面边缘白色，向心为深棕色，间有白色近圆形的间隙，无明显脉纹；假根成束，排成同心环形③；子囊盘平卧型，扁平，盘面棕色，光滑，有光泽④；光合共生物为蓝细菌。

生境与分布：采集于六盘山国家级自然保护区红峡林场、野荷谷、二龙河，附生于岩石藓层，海拔 2 180~2 508 米。分布于宁夏、内蒙古、新疆、黑龙江、北京、吉林、青海、甘肃、云南、西藏、四川、山西、安徽、浙江、福建。

边缘小裂片

下表面及假根

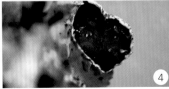

平卧型子囊盘

地卷科
Peltigeraceae

地卷属
Peltigera

穴芽地卷
Peltigera isidiophora L. F. Han & S. Y. Guo

凭证标本号：17-0353

形态特征：地衣体叶状，棕褐色，直径10~20厘米①；上表面光滑，裂片顶端被倒伏型白色绒毛②；裂片宽7~20毫米，边缘上扬内卷，裂片边缘及上表面裂缝处可见鳞片状裂芽，直立③；下表面脉纹显著，深棕色④，其上生有黑色假根，单一成束，不分枝；子囊盘直立，呈管状或平展，盘面深棕色⑤。

生境与分布：采集于六盘山国家级自然保护区野荷谷、小南川，附生于土壤藓层，海拔1 933~2 508米。分布于宁夏、河北。

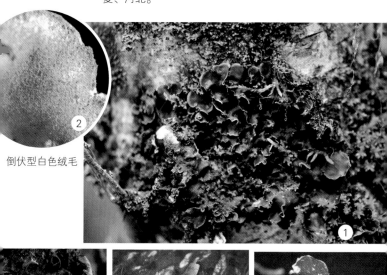

倒伏型白色绒毛

鳞片状裂芽

下表面脉纹

子囊盘

113

地卷科
Peltigeraceae

地卷属
Peltigera

白腹地卷
***Peltigera leucophlebia* (Nyl.) Gyeln.**

凭证标本号：17-0351-2

形态特征：地衣体大型叶状，直径9~15厘米，上表面湿时灰绿色至鲜绿色，干后青灰色①；周缘裂片宽2.0~2.5厘米，边缘上卷，具皱波，有直立的绒毛②；中央光滑，上表面贴生有扁平至疣状的衣瘿，直径0.5~1.5毫米③；下表面边缘白色，向心变深棕色，边缘具有明显的网状脉纹④，向心渐消失；其上生有黑色假根，单一不分枝至束状，长4~5毫米；子囊盘不常见，直立型，盘面棕色，光滑⑤；光合共生物为绿藻，表面衣瘿中共生物为蓝细菌。

生境与分布：采集于六盘山国家级自然保护区野荷谷、五锅梁，分布于阔叶林下苔藓层，海拔2 508~2 580 米。分布于宁夏、新疆、陕西、西藏、四川、贵州、湖北、吉林、台湾。

直立的绒毛

衣瘿　　　　　　　网状脉纹　　　　　　　子囊盘

地卷科
Peltigeraceae

地卷属
Peltigera

芽片地卷
Peltigera monticola Vitik.

凭证标本号：17−0173

形态特征：地衣体叶状，小型到中型，直径3~9厘米，上表面淡褐色至褐色，可见粉霜①；裂片长0.5~3厘米，宽1~3毫米，裂片顶端覆有倒伏型绒毛，边缘上卷，长有多量的小裂片，小裂片扁平，覆有粉霜②；下表面边缘白色，有明显网格，脉纹宽，褐色③；假根成束，沿脉纹分布；子囊盘圆盘状，盘缘常有粉霜，盘面红褐色至黑褐色，平展或马鞍形④；共生藻为蓝细菌。

生境与分布：采集于六盘山国家级自然保护区秋千架、二龙河，附生于土壤藓层，海拔1 718~2 039 米。分布于宁夏。

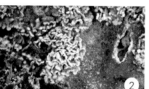

具粉霜小裂片

下表面

子囊盘

地卷科
Peltigeraceae

地卷属
Peltigera

多指地卷
***Peltigera polydactylon* (Neck.) Hoffm.**

凭证标本号：17-0139

形态特征：地衣体叶状，中型，上表面青灰色至褐色，光滑无绒毛，有光泽，无粉霜①；裂片边缘常碎裂，有时形成小裂片②；下表面白色，有明显网格，脉纹宽半，显著；假根成束，长度小于4毫米，沿脉纹分布③；子囊盘直立型，盘面红棕至黑棕色，向盘面方向弯曲成马鞍形④；共生藻为蓝细菌。

生境与分布：采集于六盘山国家级自然保护区二龙河、红峡林场、西峡林场、小南川，附生于岩石藓层或少脉椴基部藓层，海拔2 218~2 370米。分布于宁夏、内蒙古、新疆、陕西、四川、云南、贵州、湖南、西藏、江西、湖北、福建、黑龙江、吉林、山西、辽宁。

边缘碎裂及小裂

下表面脉纹及假根

马鞍形子囊盘

地卷科
Peltigeraceae

地卷属
Peltigera

白脉地卷
Peltigera ponojensis Gyeln.

凭证标本号：17-0261

形态特征：地衣体叶状，中型，上表面青灰色至淡褐色①；裂片边缘上卷，裂片顶端覆倒伏型绒毛，向心无绒毛，平滑无光泽②；上表面无裂芽、裂片及粉霜，下表面白色，脉纹明显，棱脊白色至浅褐色，假根单一不分枝③；子囊盘在裂片顶端，直立，管状，盘面黄褐色至黑褐色④；共生藻为蓝细菌。

生境与分布：采集于六盘山国家级自然保护区野荷谷，附生于岩石藓层，海拔 2 241~2 508 米。分布于宁夏、四川、云南、黑龙江、辽宁。

裂片边缘绒毛

下表面

子囊盘

地卷科
Peltigeraceae

地卷属
Peltigera

裂芽地卷
Peltigera praetextata (Flörke ex Sommerf.) Zopf

凭证标本号：17-0209

形态特征：地衣体叶状，大型，直径可达30厘米，棕褐色①；裂片边缘覆有倒伏型白色绒毛，常成毡状，向心变平滑无绒毛；裂片边缘及地衣体上表面裂缝处分布有丰富的小裂片，小裂片常有分枝②；下表面网格显著，白色，上表面可见明显的脉纹痕迹③；假根沿网脊生长，单一，成束，白色；未见子囊盘；共生藻为蓝细菌。

生境与分布：采集于六盘山国家级自然保护区红峡林场、二龙河，附生于岩石藓层，海拔2 039~2 221米。分布于宁夏、内蒙古、甘肃、新疆、陕西、西藏、四川、云南、贵州、河北、浙江、黑龙江、吉林、湖北、福建、北京。

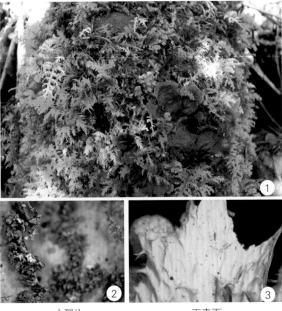

小裂片　　　　　　　下表面

地卷科
Peltigeraceae

地卷属
Peltigera

地卷
***Peltigera rufescens* (Weiss) Humb.**

凭证标本号：17-0355

形态特征：地衣体叶状，青灰色至褐色①；裂片边缘直立、上卷②，常覆有倒伏型白色绒毛③；下表面脉纹明显，浅色至黑色，成网状交织；假根沿脉纹着生，画笔状至柔毛状分枝；子囊盘多见，马鞍形内卷，管状，翘起，盘面深褐色，光滑，无粉霜②；共生藻为蓝细菌。

生境与分布：采集于六盘山国家级自然保护区野荷谷，附生于路边藓层，海拔 2 378 米。分布于宁夏、内蒙古、新疆、陕西、西藏、四川、贵州、河北、云南、浙江、黑龙江、吉林、辽宁、福建、湖北、北京、台湾。

裂片边缘及子囊盘

倒伏型白色绒毛

地卷科
Peltigeraceae

散盘衣属
Solorina

凹散盘衣
***Solorina saccata* (L.) Ach.**

凭证标本号：17-0385

形态特征：地衣体叶状，直径5~10厘米，上表面湿时灰绿色，干后至褐色，裂片圆形，宽10~20毫米，下表面浅棕色，脉纹不明显①；子囊盘圆形或近圆形，深陷于上表面成明显凹穴状的盘面，无果壳②；子囊4~5孢子，双胞，褐色，纺锤形。

生境与分布：采集于六盘山国家级自然保护区野荷谷、五锅梁，附生于藓层或靠近水流的藓层，海拔2 378~2 484 米。分布于宁夏、新疆、陕西、四川、北京、西藏、云南、贵州、山西、湖北。

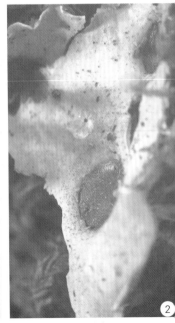

子囊盘

粉衣科
Caliciaceae

黑瘤衣属
Buellia

美丽黑瘤衣
Buellia elegans Poelt

凭证标本号：22053010

形态特征：地衣体壳状，形成辐射状发散的裂片，边缘鳞片状，紧紧贴附于基物①；上表面灰白色，粗糙，颗粒化；子囊盘表面生，圆盘状，直径 0.5~1 毫米，网衣型，黑色，盘缘明显，深褐色，盘面黑色，稍凹陷②。

生境与分布：采集于六盘山国家级自然保护区沙南峡，附生于岩石土层，海拔 1 641 米。分布于宁夏。

粗糙的上表面及子囊盘

文字衣科
Graphidaceae

双缘衣属
Diploschistes

继农双缘衣
Diploschistes wui A. Abbas, S.Y.Guo & Ababaikeli

凭证标本号：17–0165

形态特征：地衣体壳状，与基物贴合紧密，地衣体青灰色至
灰白色；上表面粗糙，网格状疣状突起，网格横径
0.3~0.6 毫米，无粉霜①；子囊盘丰富，近圆盘状，
直径 0.2~2 毫米，无柄，嵌入地衣体中，盘缘明显，
与地衣体同色，盘面黑色，常有粉霜②；髓层白色，
无粉芽及裂芽；子囊 8 孢子，孢子砖壁型，褐色。

生境与分布：采集于六盘山国家级自然保护区二龙河，附着于岩
面土层，海拔 2 221 米。分布于宁夏、新疆、北京、
吉林、海南。

子囊盘

鳞网衣科
Psoraceae

鳞网衣属
Psora

红鳞网衣
Psora decipiens (Hedw.) Hoffm.

凭证标本号：22053026

形态特征：地衣体鳞片状，砖红色，有光泽，上表面可见粉霜①；鳞片近圆形或不规则形，上表面常平展，具网格，鳞片边缘上扬，常碎裂齿状，粉霜镶边；子囊盘网衣型，黑色，半球状，生于鳞片的边缘②；在六盘山采集的样本上未见子囊盘，其他地区样本上有子囊盘。

生境与分布：采集于六盘山国家级自然保护区沙南峡，附生于岩石土层，海拔1 644~1 688米。分布于宁夏、内蒙古、新疆、陕西、西藏、云南。

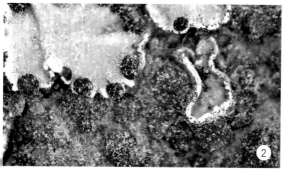

鳞片边缘的子囊盘

褐边衣科
Trapeliaceae

褐边衣属
Trapelia

丝露褐边衣
***Trapelia elacisa* (Ach.) Orange**

凭证标本号：20-0038

形态特征：地衣体壳状，粉绿色，上表面呈小疣状，裂隙明显，交错分布①；子囊盘丰富，镶嵌分布在地衣体中，圆盘状，直径0.2~0.5毫米，盘面凹陷，红棕色至黑棕色，成熟时盘缘常与衣体分离，边缘破碎露出白色菌丝②。

生境与分布：采集于六盘山国家级自然保护区小南川，附生于土层，海拔约2 132米。分布于宁夏。

子囊盘

异极衣科
Lichinaceae

蜂窝衣属
Heppia

白棋盘蜂窝衣
Heppia solorinoides (Nyl.) Nyl.

凭证标本号：22052859

形态特征：地衣体鳞叶状，分离或邻接，有时呈莲花状，鳞叶规则圆形、不规则形或纵向伸长宽舌状，鳞叶边缘波状起伏①；鳞叶上表面灰白色，覆有厚的白色粉霜，粉霜呈明显的网格状，类似于分隔的棋盘；下表面近乎与基物完全贴合；子囊盘常见或罕见，可在一个鳞叶上形成1~4个子囊盘，子囊盘陷于鳞叶，浅坛状，盘面红棕色或深棕色②。皮层和髓层负反应，未检测到化学物质。

生境与分布：采集于六盘山国家级自然保护区龙潭林场，附生于岩石间隙土层，海拔 1 716 ~ 1 780 米。分布于宁夏、山东、北京。

子囊盘及衣体表面

主要参考文献

［1］阿不都拉·阿巴斯，吴继农. 新疆地衣. 乌鲁木齐：新疆科技卫生出版社, 1998.

［2］魏江春. 中国药用地衣. 北京：科学出版社, 1982.

［3］王立松, 钱子刚. 中国药用地衣图鉴. 昆明·云南科技出版社, 2013.

［4］BRODO I M, STEVE SHARNOFF & SYLVIA SHARNOFF. Lichens of North America.New Haven：Yale University Press, 2001.

［5］WEI JIANGCHUN. The enumeration of lichenized fungi In China. Beijing: China Forestry Publishing House, 2020.

［6］王立松. 中国云南地衣. 上海：上海科学技术出版社, 2012.

［7］吴金陵. 中国地衣植物图鉴. 北京：中国画报出版社, 1987.

［8］魏江春, 姜玉梅. 西藏地衣. 北京：科学出版社, 1998.

［9］陈建斌. 中国地衣志, 第四卷梅衣科（Ⅰ）. 北京：科学出版社, 2015.

附录Ⅰ　扩展阅读书目及网站

想要进一步深入了解地衣的爱好者或想继续深造的青年学子，下列这些扩展书目将有助于你获取更多有关地衣领域的理论知识，了解更多没有被包括在本书中的地衣物种。

书目

［1］Brodo I M, Steve Sharnoff & Sylvia Sharnoff. Lichens of North America. New Haven: Yale University Press, 2001.

［2］Bruce McCune & Linda Geiser. Macrolichens of the Pacific Northwest. 2nd ed. Corvallis: Oregon State University Press, 2014.

［3］Nash III T H. Lichen Biology. 2nd ed. Cambridge: Cambridge University Press, 2008.

［4］Smith Clifford, Andre Aptroot, Brian John Coppins, et al. The Lichens of Great Britain and Ireland. London: British Lichen Society Press, 2009.

［5］Thomas H. Nash III, Bruce D. Ryan, Cornna Gries, et al. Lichen Flora of the Greater Sonoran Desert Region, Phoenix: Arizona State University Press, 2001.

［6］Vernon Ahmadjian, The Lichen Symbiosis, New York: John Wiley & Sons INC Press, 1993.

［7］Wei Jiangchun. The Enumeration of Lichenized Fungi In China. Beijing: China Forestry Publishing House, 2020.

［8］王立松. 中国云南地衣. 上海：上海科学技术出版社, 2012.

［9］王立松，钱子刚. 中国药用地衣图鉴. 昆明：云南科技出版社, 2013.

网站

www.abls.org（American Bryological and Lichenological Society）

www.thebls.org.uk（The British Lichen Society）

www.sharnoffphotos.com（北美地衣图片库）

www.nhm.uio.no/botanisk/lav（欧洲地衣图片库）

附录 II　地衣常用术语词汇

　　本附录中收载的词汇是和地衣相关的、常用到和遇到的一些词汇。有些词汇不一定在本书中出现，但可能会在文献资料中出现频率较高，为便于读者深入学习，故均收录于此。由于地衣词汇基本都来自西语，以英语为主，后期才被翻译为中文。因此排序以英文首字母为序。

Apothecium 子囊盘：地衣的一种有性繁殖结构，子囊果的一种常见类型，承载子囊和子囊孢子，外观呈圆盘状，有明显盘缘。由上而下，分别为囊层被、子实层和囊层基。

Appressed 紧压的：地衣体紧紧贴附于基物。

Areole 龟裂片：被细密的龟裂纹分割成小的多边形或近圆形地衣体的分隔面。

Ascomycetes 子囊菌：地衣共生菌之一，以子囊孢子进行繁殖。

Ascus 子囊：生于子实层内的囊状结构，含有子囊孢子。

Basidiomycetes 担子菌：以担孢子进行有性繁殖的真菌。少数地衣的共生菌为担子菌。

Bipolar spores 哑铃型孢子：为双胞孢子，中央横隔很厚，以细孔连接两细胞，也称为对极性孢子。

Cephalodiun 衣瘿：地衣体上的突出物，相当于一个微小的地衣体，与原地衣体不相通连，具有皮层、髓层及与母体地衣体的共生藻不同的藻类，通常为蓝细菌。常见于一些共生藻为绿藻的地衣体上。

Chemisty test（CT）化学显色反应：利用不同的化学试剂对地衣体内地衣酸的显色反应来判断地衣酸存在与否。常用的化学试剂有 10% 氢氧化钾水溶液（简称 K），新鲜的次氯酸钙饱和水溶液（简称 C），对苯二胺乙醇溶液（简称 P），碘 – 碘化钾溶液（简称 IKI）。正反应分别表示为 K+、C+、P+；负反应分别表示为 K–、C–、P–；KC– 表示先 K 后 C 反应为负；KC+ 表示先 K 后 C 反应为正。

Cilia 缘毛：生于地衣体边缘或子囊盘托缘上的细毛，形如眼睫毛。

Coralloid 珊瑚状：像珊瑚一样的复杂分枝。

Cortex 皮层：位于地衣体外表面，由共生菌菌丝组成，结构类似于高等的皮层结构，分为上、下皮层，有时下皮层缺乏。

Corticolous lichen 树生地衣：生长在树干表面的地衣。

Crustose 壳状的：地衣体仅仅贴附于基质，很难剥离，外观常呈各种色彩的斑块状硬壳，为地衣体的一种生长型。

Cyphella 杯点：常发生于叶状地衣体下表面，由地衣体的髓层细胞向外突破下皮层而形成的有明显界限的小凹陷，边缘突起，髓层不外露，外观圆形或卵圆形。

Epithecium 囊层被：位于子实层的最上层，由包埋在胶状物质中的侧丝末端组成。

Fibril 纤丝：纤细的小枝。

Foliose 叶状的：地衣体有明显的背腹性，扁平状，有游离的裂片，仅部分地衣体依附于基质，易于剥离，为地衣体的一种生长型。

Fruticose 枝状的：地衣体直立、悬垂、单一或分枝，常圆柱状，仅以基部附着于基物，易于剥离。

Hymenium 子实层：位于子囊果的中间层，由子囊和侧丝组成。

Hypha 菌丝：组成地衣（和真菌）的丝状体。

Hypothallus 下地衣体：地衣体下面或周围着生的菌丝，常为黑色。

Hypothecium 囊层基：位于子囊层的下层。

Immersed 埋生：陷落于地衣体内部。

Isidium 裂芽：地衣体表面无背腹性的，具有皮层、藻层和髓层的小突起，其皮层、藻胞层和髓层都直接和地衣体相连通，为无性繁殖结构。

Lobules 小裂片：发生于地衣体边缘的一种薄片结构，有明显的背腹之分，呈鳞片状或叶状。

Medulla 髓层：处于地衣体上、下皮层之间，占据了地衣体的大部分，由共生菌的菌丝无规则交结在一起组成。

Muriform 砖壁状：具有纵隔和横隔的多隔膜孢子，如砖墙。

Mycobiont 共生菌：构成地衣体的真菌，主要为子囊菌，少数为担子菌。通常构成地衣体的上、下皮层和髓层。

Papillae 乳突：地衣体表面细小的瘤状突起，主要由皮层突出形成。

Paraphysis 侧丝：子实层中子囊之间的不孕菌丝。

Perithecium 子囊壳：为子囊果的一种类型，呈囊状或瓶状，埋生于地衣体内部，仅留顶端一个孔口，内部含有子囊和侧丝。

Phycobionts 共生藻：地衣体中共生的藻类。通常为绿藻或蓝藻（蓝细菌），位于地衣体上皮层与髓层之间，称为藻胞层。在一些由蓝细菌共生形成的地衣体中，藻类细胞是散布在整个髓层中，没有形成明显的一层。

Phyllocladia 小鳞叶：小鳞叶状裂片，常用于描述石蕊属（*Cladonia*）的初生地衣体。

Propagule 繁殖体：可以发育为新个体的地衣体碎片。

Pruinose 粉霜：通常覆盖在地衣体上表面，为白色或浅灰色的粉末。

Pseudocyphella 假杯点：常发生于上表面，由髓层突破皮层而形成的小凹陷，髓层外露或突出。与杯点的区别是孔穴周围无明显的界限。

Pycnidia 分生孢子器：产生分生孢子的一种球状或瓶状的结构，埋生于地衣体内，开口于地衣体表面。

Pustulate 具泡状突起的：具有顶端破裂的小泡。

Rhizine 假根：由下皮层伸出的无色或黑色的根状菌丝束组成，主要发生于下皮层的外层菌丝组织中，起附着于基物的作用。

Saxicolous lichen 岩生地衣：附生于岩石上的地衣。

Sessile 无柄的：一般指子囊盘直接贴生在地衣体表面。

Soralium 粉芽堆：许多粉芽聚在一起成一定的形状。

Soredium 粉芽：着生于地衣体表面，由菌丝缠绕着藻细胞形成的小颗粒，很容易脱落，为无性繁殖的结构。外观呈粉末状。

Squamule 小鳞片：微小的裂片。

Substrate 基物：地衣生长依附的基质。

Thallus 地衣体：由共生菌和共生藻细胞组成的共生复合体。

Tomentum 绒毛：由一系列有组织的菌丝束组成，外观为疏松毛状或毯状，常发生于上皮层。

Tubercule 疣突：地衣体表面颗粒状的突起，内部结构有皮层、藻胞层及髓层。

Umbilicus 脐：由紧密结合的纤维状菌丝束组成，常发生在叶状地衣的下表面，起固着作用。

附录Ⅲ 六盘山国家级自然保护区地衣群落

岩生地衣群落

砾石壁地衣群落

树干地衣群落

树枝地衣群落

土墙上地衣群落

木板路上地衣群落

瓦片上地衣群落

水泥墙壁上地衣群落

134

藓生地衣群落

中文名称索引

拉丁学名索引